知
味

庭前花未开

李叶飞◎著

谢　静◎插画

北方联合出版传媒（集团）股份有限公司

万卷出版公司
VOLUMES PUBLISHING COMPANY

CONTENTS

目 录

若耶溪傍采莲女，
笑隔荷花共人语。

庭 前 花 未 开

松隆子的沈丁花

我有一朋友，
家里的院子种了瑞香，
她说清晨和傍晚花香特别浓郁，
一阵风吹来，
风里带香，
有雪碧加蜜糖的香味，
真是很奇特的组合。
我没种瑞香，
没法体会。

桃金娘目 / 瑞香科 / 瑞香属

　　早上翻出一盒香，是朋友从日本带来的，放了好几年。包装上是粉红带紫的花朵特写，盒子上写了"花风"，大概是一个系列，下面有小字"沈丁花"。

　　很多人不知道沈丁花是什么，以为是一个日本名，其实沈丁花就是瑞香花[①]的一个别名。沈丁即沉丁，在古文中，"沈"同"沉"。我们现在说的"沈"，其实是另有一字"瀋"，简化字借用了"沈"字，造成混乱。沈丁一名取沉香和丁香首字为名，说是它的花香像"沉香"和"丁香"的混合，另有一说是花香似沉香，花形似丁香，故而叫沈丁花。瑞香花虽然香，好像既不似沉香也不似丁香，至于沉香和丁香的混合，则没试过这样的合香。

我有一朋友，家里的院子种了瑞香，她说清晨和傍晚花香特别浓郁，一阵风吹来，风里带香，有雪碧加蜜糖的香味，真是很奇特的组合。我没种瑞香，没法体会。点了一根日本的沈丁花香，也没这样的感受。不过瑞香的花形倒是有点丁香的样子，丁字形或是钉子形，也是一簇开放。

　　瑞香是原产中国的传统名花，宋代即有记载，在园林中多有布置，并被培育出了金边瑞香，即叶子边缘是金色的，成为名贵品种。花也有不同颜色，野生的瑞香白色，金边瑞香则多是白色带红，也有金黄色的瑞香。瑞香之所以受欢迎，因为其叶子常绿，且并不需要太多的阳光就能生长良好，开花在晚冬早春，花香，非常难得。

Daphne odora Thunb

瑞

香

瑞香传入日本大概在室町时期，也有可能更早。日本人喜欢花草。室町幕府的第三代将军足利义满修建的政务场所竟然是一个花园，名为花之御所②，收集了各种花卉，想必里面一定种有当时刚从中国传来的瑞香吧。

瑞香深受日本人的欢迎，成为庭院常植的花卉。日本还拍过一部叫《沈丁花》的电影，影片太老了，上个世纪六十年代的电影，我是在查找成濑巳喜男的电影的时候，看到那个时代有这部电影，并没有点进去看，看介绍说是一部喜剧片。

我喜欢的日本艺人松隆子有一首歌曲叫《沈丁花》，在她的专辑《A piece of life》里，以前反复听过，也不明白是什么意思，只是觉得好听。查了一下歌词，就第一句提到了瑞香花，"幼いあの顷の 散步道に，そっと 咲いてた 白い 沈丁花"，我不懂日语，根据仅有的几个汉字，就大胆拼凑一下，"在小时候散步的小路边开满了白色的沈丁花"，大约如此吧，中间有一串修饰的假名不知道什么意思。"白い沈丁花"，很少见，多野生。我们常见的瑞香，花瓣外面紫红色，内面白色带粉，纯白色花的瑞香在花市和庭院几乎看不到。我只是前几年在山里见过白色的瑞香。

那年杂志社准备在春季编一集花卉专辑，约了一位植物方面有见识的老师一起在杭州的山野里转悠。老师姓蒋，业余爱好植物，也爱观鸟，我们边走边聊植物，爬到西湖南面的山上，半路闻到花香，寻香见到一株开白色小花的植物，长在坡地林下，被告知那就是瑞香，野生原始种，也叫毛瑞香。

此花白，花小，花也开得少，枝叶稀稀落落，看上去不那么健康的样子，没有园林墙脚一丛一丛的瑞香长得丰润，但是香味传得好远。我是很喜欢这种简单的品种，叶子也没有金边，朴素得很。我知道金边瑞香不能结果，而毛瑞香则能结果实，不然就没法在山野里繁殖下去。

我那位种了好几年瑞香的朋友，闻过"雪碧加蜜糖"的香味，就从来没有见过瑞香结果，我是真想见见，据说是红色的果实，希望哪天能在山上再次遇到。

前几天在莫干山，看到山路边野栀子树结了很多橙红色的果实，"红取风霜实"，好看极了，想到自己种的栀子，夏日花开复瓣，秋冬却结不了果，很是遗憾。植物总该是春华秋实，现在却只能观花，见不到秋实。

我的这些小愿望，日常的琐记，那丝香味，那抹白色，那点见不着的果实，都不过是些生活点滴，就是松隆子唱的《A piece of life》。

新年，我养了一株瑞香，金边品种，花白色带红，农历新年后花苞逐渐绽开，但并无香味，过了雨水节气，花朵突然打开，真是香，难以名状的香味，不像纯自然界的植物花香，像是某种调配的香水，若说"雪碧加蜜糖"，算是较为精确的描述。

———

注释：

① 宋《清异录》载："庐山瑞香花，始缘一比丘，昼寝磐石上，梦中闻花香酷烈，及觉求得之，因名睡香。四方奇之，谓为花中祥瑞，遂名瑞香。"

② 花之御所是室町幕府第三代将军足利义满于京都室町修建的一座豪宅，作为将军的住所和处理政务的场所。御所之庭院内引入鸭川江水，摆设了全国各地守护大名献上的奇花异草，四季开放。

杏花消息雨声中

无论如何，杏在古时还是应该比梅、桃、李等常见，它是古代农事节气的指示树，有「望杏敦耕，瞻蒲劝穑」这样的说法。

这句话出自南朝徐陵的《徐州刺史侯安都德政碑》，意思是按时令劝勉耕种。

杏　花

蔷薇目／蔷薇科／杏属

　　跑了好多地方都没有见到杏花，像是消失了一样。若是在宋代，农历二月正是"红杏枝头春意闹"的时节。现如今，却没有。

　　现在的春天就是梅、桃、樱、梨和海棠的天下，杏花不知道去了哪儿。曾为南宋都城的杭州，只听说秋瑾墓那儿有杏花，其他不知所踪。但若看文学作品，阅读两宋诗词，杏花是多么常见，它是街头巷尾的存在。"小楼一夜听春雨，深巷明朝卖杏花"，应是夏日街边"栀子花白兰花"一样的场面。

　　从植物的生长习性来看，倒是有北杏南梅一说，北方多种杏，梅树生长不佳，南方则多梅少杏，然而南宋偏安一隅，诗文多写杏，又是何解？有一种说法，那是南迁汉人念恋北方的故土，多植杏以解乡愁。

无论如何，杏在古时还是应该比梅、桃、李等常见，它是古代农事节气的指示树，有"望杏敦耕，瞻蒲劝穑"这样的说法，这句话出自南朝徐陵的《徐州刺史侯安都德政碑》，意思是按时令劝勉耕种。更早的时候还有一句"望杏花落，复耕"，在杏花开得差不多的时候，即是需要耕种的时候。这说明，杏花之常见，可能在村口田尾都有种植，不然又如何让农人望杏，至少也是需要见过才能见识。

杏花在三月中下旬开，也就是农历二月，在民俗中习惯把这月叫"杏月"，《月令》中说"杏花生，种百谷"。从这个时候开始，倒春寒的概率也越来越低，播种育苗也更为保险，天气会一直这么暖下去，直到夏天。

古人对杏也的确是厚爱，有杏坛、杏林一说，却没有梅坛、桃林这样的说法。大概杏的运气比较好，它遇到了孔子，又没有被庄子忘记。

《庄子》里有记载孔子在杏林讲学的情形，说孔子"休坐乎杏坛之上，弟子读书，孔子弦歌鼓琴"，如此，杏坛代表了教育界，"花里寻师到杏坛"。而桃李却只代表学生，桃李满天下。

Gardenia jasminoides Ellis

栀
子
花

至于杏林，指代医学界，是因为三国时期一个叫董奉的名医，医道高明，看病不收钱，只求病人痊愈后在他的住处周围种上杏树，比如重病者被治好栽五棵，轻病者栽种一棵。数年之后，杏树成林，董奉被称为董仙杏林。往后，杏林就指代了医生。

董奉的故事还没完，因为杏多，到了收获的季节，就会有人来买杏，他又不收钱，只要放一些粮食到谷仓中，就可去杏林摘杏。每年，以杏换得的粮食堆满仓库，这些粮食又被他用来救济穷人。

董奉的事迹远远超过了我们对医生的要求，但还是成为后世模仿的榜样。明代名医郭东模仿董奉，居山下，种杏千余株。苏州的郑钦谕，在庭院设杏圃，将病人馈赠的东西接济贫民。元代的书画家赵孟頫患重病，名医严子成给他治好，他画了一幅《杏林图》送给严子成。

杏与医的关系甚至超过了杏与教师的关系。但杏给人的印象还是慢慢发生了变化。

在植物学上，杏与梅接近，但在文学上，与杏搭得较多的植物是桃，一红一白用来形容女子容貌。元代王实甫的《西厢记》里说崔莺莺"杏脸桃腮，乘着月色，娇滴滴越显得红白"，也就是白里透红的意思，脸色白嫩，微微有些腮红。

在清代魏秀仁所作的小说《花月痕》①里有一段写得特别好，很有画面："云鬟不整，杏脸褪红，秋水凝波，春山蹙黛，娇怯怯的步下台阶。"你想想看，那是什么景。

我总觉得杏的退场，与其不够实用有关，果没有桃、梨那么好吃和畅销，花没有梅、樱那么好看。在实用主义为主流价值观的今天，它的退场也是必然。还有一个可能，就是杏的含义发生了变化，宋人一句"一枝红杏出墙来"②，本来只是景物描写，但前后文的理解，经人稍一点拨，就是另一层的意思。所以，谁又会在院子里种上一株红杏，等着它生长，直至树枝伸出外墙呢。

———

注释：

① 清魏秀仁所作小说《花月痕》是一部以妓女为主要人物的长篇小说，所叙之事也多是闺阁之事。

② 出自宋·叶绍翁七言绝句《游园不值》："应怜屐齿印苍苔，小叩柴扉久不开。春色满园关不住，一枝红杏出墙来。"

含苞如富贵人家孩儿的脸

虽说茶梅耐寒，

但还是有些叶子被冻伤，

花也已开过一阵子，

落花满地已为泥，

剩下那些初开未开的白花瓣带些粉，

如富贵人家孩儿的脸，

平日里保养得好，

但又冻着了，

红扑扑的，

看了实在让人爱得不行。

茶梅花

山茶亚目 / 山茶亚科 / 山茶属

三年前，大冷天，下过一次霰雪，才化。路过家附近的一条马路，在昏黄的路灯下看到有茶梅花[①]开，白花，美极。看腻了随处可见的红花茶梅，这白茶梅实在太仙儿。

隔日，取了相机去拍照。

虽说茶梅耐寒，但还是有些叶子被冻伤，花也已开过一阵子，落花满地已为泥，剩下那些初开未开的白花瓣带些粉，如富贵人家孩儿的脸，平日里保养得好，但又冻着了，红扑扑的，看了实在让人爱得不行。而那白色，其实是有一些奶色，柔柔的。我搬来这一社区好几年，竟然一直都没注意到它们。

那天拍完照，我把图放到微博给人看，引众人羡慕。许多人后来因此去花市寻白茶梅，都没有结果。我也去找过，花市的老板说，以前进过一些白色花，但无人问津。茶梅在冬季开，临近春节，此时，大家更喜欢红色。也是，若你常逛花市，也会发现一个现象，不仅是茶梅，包括山茶、瑞香，春夏的牡丹、月季，凡能有红花品种可选，白花便罕见。要是栀子、茉莉也有红花，我想夏日路边叫唤的"栀子花、茉莉花"也就唯红色可选了。

我看过一些关于茶梅的记载，说白花种常见，而红茶梅稀罕，可如今时局早已倒转。

几日后，我外出吃饭，经过那条马路，想再去看看，发现那段种茶梅花的绿化带正在翻新，花树被剪了枝丫，已被掘起，装车，红的、白的花瓣散了一地，一片狼藉。吃完饭回来，这一路已被清理干净，黄土朝天。

我沿着路走了一截，想碰碰运气，捡几节遗落下的老根。心地善良的人就是有小运气，两枝残根被当成泥巴块堆在一边，一坨只余不到十厘米的枝干，另外一坨余一枝，还有一片叶子。可见花农为追求效率，手法粗糙。总不像自己在自家院里移栽，腾笼换鸟，都是小心翼翼。

我把那两坨根捡了回来，死马当活马，也许还能抽出新枝来。只是我不能确定，它们会不会就是我要的白花茶梅，因为那一路的茶梅花，红白两色都有，红色为多。

相对健全的那株被我种在一普通瓦盆里，残弱的那株种在一蓝色的宜钧盆里，精心照料，期待奇迹。

开春，宜钧盆里的茶梅在靠近根部的老枝干上长出一芽，我知道有救了。待到了秋日，只有叶芽，没见着花芽。又一年，瓦盆里那株开花了，没有惊喜，就是红花，我以为普通，仔细比较后，又乐了，不是常见的品红，有些墨色，喜欢。再一年，那株残弱的茶梅终于有了花苞，等啊等，从小雪那日见花苞等到冬至，磨磨蹭蹭，终于开花了，很遗憾，就是最常见的品红。所以说，仅仅善良只会有小运。

红色花我也欣赏，大冬天，雪霜中，有些红色，增添暖意。古人还把茶梅叫作海红。南宋陈景沂《全芳备祖》上记载："浅为玉茗深都胜，大曰山茶小海红，名誉漫多朋援少，年年身在雪霜中。"这里的海红就是指茶梅，植株比山茶小巧是茶梅的一个特点。茶梅开的时候，少有其他花开，故被歌咏[②]。

那段马路的绿化后来是换了草花，一年四季更换，美国萱草、千日红、矮牵牛、瓜叶菊之类，总有人在路边忙活。

茶梅太不让人操心了，一劳永逸，白花、红花，十一月开，一直开到二月、三月，整整一个季度，都不用操心，鲜花灿烂，其他三季绿意葱葱。茶梅一种下，基本上就没人什么事儿了。

我想这大概是三年前绿化带改造的原因吧。这当然是我的阴谋论，但是如今一年四季的草花，费钱，着实也没有任何惊艳，再也没能给我那天看到白茶梅开花时的欣喜。

——

注释：

① 茶梅，山茶科山茶属常绿灌木。相比其他山茶属植物，植株矮小，开花早，花期长。茶梅花落花是花瓣一片片洒落，不像其他山茶花，往往整朵落地。也有茶梅和山茶的杂交品种，开花稍晚。

② 出自宋·刘仕亨《咏茶梅花》："小院犹寒未暖时，海红花发暮迟迟。半深半浅东风里，好是徐熙带雪枝。"

椿花落了，春日为之动荡

在日本人看来，
椿花的掉落，是一种悲怆之美，
就同战败的武士在残局中切腹自刎，
身边的介错人一刀将之斩首，
生命忽然坠落，
如椿花坠地般壮烈。
在日本京都洛东法然院有一石刻，
一句「椿花落了，
春日为之动荡」，
是颇为壮烈的画面。

椿 花

杜鹃花目 / 山茶科 / 山茶属

我对"椿"这个词的认识，来自两个地方。

一是"上古有大椿者，以八千岁为春，八千岁为秋"，这是《庄子·逍遥游》里的话，庄子说的椿大概指一种寿命很长的植物，后来椿被比喻为长寿，也指代父亲，有了"椿庭"一词，与指代母亲的"萱堂"对应。现在语境下的椿，指的是香椿或臭椿，香椿是一种嫩叶可为菜食的植物，是早春的芳香美食，总是才长出来就被摘去，为采摘方便，还总被修剪得低矮。臭椿，即樗，庄子和惠子辩论过这个植物，惠子说它"大而无用"，徒有粗壮的枝干，又结满树瘤、木质疏松，根本没法用作材料，只能作为柴火。庄子回答，樗树因为无用而自由生长，不会遭遇砍伐之灾，能活着，并活得更长，还能让人乘凉。虽有庄子背书，但是樗最后流传下来的意思还是不好，《诗经》上的"采荼薪樗"的说法影响更深，比如有人说自己是"樗栎之材"，表示没有才能，不过是柴火。所以上古之大椿，既非香椿，也非臭椿之樗，若是香椿和臭椿之优点的结合，用来指代父亲倒也是可以。

另外一个对椿的认识，来自日本。日本有一系列经典的美容用品，是以椿的果实为原料制作，产品包装也绘有椿的图片，就是一种山茶花。日本把山茶花叫作椿，但是日语里仍有山茶一词，翻日本古代的植物志或是植物图谱，山茶、椿列在一起，这个山茶就不是我们说的山茶，指的是茶梅，一种冬天开花的同为山茶科的植物。而我们说的山茶花一般是在春天开花，各种瓣形花色，品种非常丰富。

日本椿一类的化妆美容品，多是油类，这让我想到国内的野生山茶籽油，虽为烹饪用油，其实与椿油就是一类。不过日本椿虽指山茶，但提到椿，往往还是指单瓣红色、花蕊黄色的一种山茶，主产区是东京附近的大岛，名大岛椿，大岛这个地方亦是赏椿胜地。

以日本人的观察，椿与山茶（即茶梅）的不同，不仅是开花季的区别，花瓣凋落的方式也不一样，这直接影响了他们对这两类植物的喜好程度。

我种了几株茶梅，即日本人说的山茶，花盛放之后，花瓣开始凋落，在茶梅开花这一两个月的时间里，花瓣老一瓣落一瓣，零零散散，有一种不舍，又无可奈何。而日本椿则是在开到最旺盛的时候，突然整朵连着花托一起掉落，决然干脆。我有一株松子壳山茶，瓣形如崩开落籽以后的松球，也是这样，开着好好的，还来不及剪枝插花，就突然掉地上了，像是整个松球掉落。但在日本人看来，椿花的掉落，是一种悲怆之美，就同战败的武士在残局中切腹自刎，身边的介错人①一刀将之斩首，生命忽然坠落，如椿花坠地般壮烈。

　　在日本京都洛东法然院有一石刻，一句"椿花落了，春日为之动荡"，是颇为壮烈的画面。

　　单瓣红花黄蕊的日本椿在国内不是很常见，大概国人不喜欢这般简单的花形。国内多重瓣、复瓣品种，甚至追求一株多色。有一种名十八学士的山茶，在金庸的《天龙八部》中被夸张描述，成为山茶中的天下极品，一株开十八朵花，朵朵颜色不同，且形状也是各异，开时齐开，谢时齐谢。这是金庸虚构的山茶花品种，却也正是国人所追求的。现在花市上的确有十八学士，一种是嫁接品种，将不同花色的山茶嫁接在同一株上，另一种是花瓣多达十八轮左右的品种，有红、白、粉等不同花色。无论哪种都不是金庸所虚构的那种。

关于日本椿，有说也有红花和白花两种，传说本来并没有红花椿，一位武士在椿前自刎，血洒在白色的椿花上，然后就有了红椿。这个场面让我想起昆汀·塔伦蒂诺的电影《Kill Bill Vol.2》中，乌玛·瑟曼与刘玉玲在庭院的雪地上打斗的那场戏，血腥，唯美。

我们谈到杜鹃滴血映山而红时已觉够残忍，但日本人可以这样血淋淋来谈论和描述一种花。在传统文化中，日本人喜欢椿，与喜欢樱花一样，都与欣赏死亡有关，一种物哀美。樱花短暂地盛开又很快落去，是死给你看，赏樱即是看你死去。生命很脆弱，即使你才盛放，一阵风来，便让你四分五裂，零落成泥碾作尘，或是整个落地，都是轰轰烈烈。生活在日本这样一个岛国，随时而来的地震、海啸或台风，让生命无常。死亡是一个意外，与生一样，为何不能欣赏？

椿在两地，各指代不同的两个植物，在大陆上追求八千岁而不崩，在海岛上欣赏斩首般的壮烈。

———

注释：

① 介错人的任务是一刀结束切腹人的性命，一定要下手干脆果断，但并不是要把头砍下，"身体发肤受之父母"，仍要有血肉相连。

寒冬腊月，蜡梅花开了

我没有种能开花的蜡梅，
只有一株盆栽小蜡梅。

好几年前了，
我在杭州的一株蜡梅树下见到当年刚发芽的树苗，
迁了几株回来，
养在花盆里，
至今还不到一尺高，
要等它开花也不晓得会在猴年马月。

蜡 梅

木兰亚纲 / 蜡梅科 / 蜡梅属

元旦，北京的朋友去卧佛寺玩，见到蜡梅开了。我说，还真早啊。

几天后，微信上认识了一位曹雪芹学会的朋友。曹雪芹学会在北京植物园，是曹雪芹晚年居住的地方。她发了几张曹雪芹家门口的照片给我看。植物园的冬日可真萧瑟，不过见到几枝蜡梅，光秃秃的枝条上正开花。

"这些天刚开的吗？"

"小雪那日就开了，那天也正是北京头一场雪。"

还真是合了节气。

我住在上海，蜡梅花也挺多。小区里有好几株蜡梅，有些是人家家里种的，也有些是公共植物。我出去溜达了一圈，蜡梅的叶子都还没掉，花香倒是有一些，零散开了几朵。

看来蜡梅花开是南北同步了，至少这些早开的品种如此，都赶在年初绽放，不是赶着气候温度，一先一后。像是去年春天去北京，上海南汇的桃花节已近尾声，北京街头的桃花却正灿烂。春末，我院子的牡丹花开败，葍葖果已露了出来，我在北京景山下还看到牡丹正艳丽。

蜡梅却是不分先后，即使叶子没掉，应了腊月这个时节，花也就开了。甚至北京的蜡梅开得比上海的还早了一些。

我没有种能开花的蜡梅，只有一株盆栽小蜡梅。好几年前了，我在杭州的一株蜡梅树下见到当年刚发芽的树苗，迁了几株回来，养在花盆里，至今还不到一尺高，要等它开花也不晓得会在猴年马月。

蜡梅的种子发芽率很高，而且能自播，我们常能在蜡梅树下见到很多蜡梅苗，都是种子落地后自己发芽生长的，当然也没多少人认识它，所以生长太平。它的果实也是很多人不认识。因为蜡梅开花的时候是光秃秃的枝条，开金灿灿的花，那个时候花香，在冬季特别引人注意，大家都见得、认得。但一到春天，长了叶子，就忘了这其实就是冬天的那株蜡梅，然后偶然看到绿叶中还夹杂了一些绿色的果实，就惊讶，这是什么呀！因为蜡梅的果实实在像某种虫子的茧，造型奇特。

　　蜡梅的果是有毒的，药用名是土巴豆。巴豆我们都听说过，一种强烈的泻药。名土巴豆，说明它有巴豆的功效。所以，要看好小朋友，这果实是真不能吃。

　　果实成熟后会变褐色，然后变黑，慢慢地，外皮风化，种子就露出来，熬到春天就落下来。若地下土壤松软，种子稍有一些嵌入泥里，几场春雨，就能发芽。但也不是所有的蜡梅都能结果，不仅是品种问题，还有一点，蜡梅在冬季开花，这个季节受到低气温的影响，活动的昆虫很少，授粉困难，结实率不高。正因为少见，所以多怪。

　　蜡梅也不尽都是冬季开花，浙江有一种夏季开花的蜡梅，更加少见多怪了，就叫夏蜡梅，也是蜡梅科的。产于浙江昌化和天台等地，是古老的孑遗植物。我上次去天台是冬末，在国清寺看到快要开败的蜡梅，没机会见到夏蜡梅。幸运的是见到了刚刚才开的隋梅，那株隋代种下的梅花，与寺同龄，是国清寺的宝。

突然想起来了，我认识一茶馆的朋友，天台人，每年五六月份去国清寺，跟国清寺的方丈熟，说是可以捡拾一些梅子，泡酒或腌制话梅。我还嘱托过，下次捡了梅子，带几粒果核给我，我想播种几株，种些新苗，沾点古意。

当然，梅花和蜡梅不是一类，也算不上亲戚。古诗文讲"凌寒独自开"的梅，多半指蜡梅，说梅有浓郁香味的也是蜡梅。真的梅花要在早春才开，花期差了一个多月，且香味稀薄。

话说回来。天台当地把夏蜡梅叫牡丹木或大叶柴，开花在五月中下旬，花朵的外被片白色带淡紫红，内面的被片也是白色，有紫红色斑纹，很漂亮，但我只是见图描述。说起来北京植物园也有引种几株夏蜡梅，很多植物，只要踩准时间，去植物园比去天台更容易见到。

冬天的蜡梅也有不少品种，我们不细看，以为都差不多。最常见的是狗牙蜡梅，花小，开花晚，也不是特别香，但容易结果。很多植物的原始种，往往花型朴素，但生命力特别顽强。香味比较浓的是素心蜡梅，花被片内外都是一色，纯黄，也挺常见。还有一种，叫磬口蜡梅，花大，香气也最好闻，花的外轮被片淡黄色，内轮有紫红色的边缘及条纹，叫它磬口，就是因为花冠大，如磬如缸的意思。

古人有拿蜡梅花做点心，但当我知道蜡梅果为土巴豆后，直接影响了对花的正确认知，是万万不敢吃。

蜡梅花的吃法，在李时珍的《本草纲目》里是这样写的：蜡梅花味甘、微苦，采花炸熟，水浸淘净，油盐调食。很好奇这是什么味，李时珍说的味甘、微苦，我琢磨了一下字面意思，有些凌乱。不过这个点心的药用价值"解热生津"却是有所闻，忘了是我的中医老师说过，还是在哪本小儿常备药方类的书上见过，说是用蜡梅花煎水给小儿饮，可以清热解毒。不过现代人则没必要也不敢用这种方子了，闻过则已。

但是蜡梅花的其他应用还是很广泛的，提取的蜡梅浸膏非常昂贵，用于香水、化妆品中，也用于食品。另外，在一些治疗烫伤、刀伤或是跌打损伤类的药中，也含有蜡梅根叶或是花的成分。

溥仪家的桃花

其实桃的变化更多，
除了不同花色，
花瓣的重、半重和单，
还有一株双色、
一瓣双色、
千瓣。
结的果实更是丰富，
水蜜桃、油桃、蟠桃等，
不仅果味不同，
连长相也完全不一样。

菊花桃

蔷薇目／蔷薇科／李属

一年春天，在北京的马路边见到了一种开着菊花的树，把我惊着了，我一时无法接受春天开花，又开在树上的菊花。根据其初长的叶芽，觉得像桃花，但实在不敢确定。

离开自己常年生活的环境，以为熟悉了一年四季，面对新的自然环境，一下就觉得自己孤陋寡闻了。我把图片扔到网上，没多久就有人说，这是菊花桃。

它开启了我对桃花的新认识。我们常觉得梅花有好多花色，重瓣、单瓣，红、粉、白等，樱花有很多品种，重瓣、单瓣，花先叶出、花叶同出，早樱、晚樱等等。其实桃的变化更多，除了不同花色，花瓣的重、半重和单，还有一株双色、一瓣双色、千瓣。结的果实更是丰富，水蜜桃、油桃、蟠桃等，不仅果味不同，连长相也完全不一样。

据说北京植物园有几百个不同品种的桃花，我不清楚其来源，反正就是说明北京的桃花品种很多。预告北京春天来临的植物是山桃，它的开花，特别像南方的梅花，预示着接下去将是百花盛开，眼花缭乱。不仅在北京城里，在北京周边的山谷里，也有成片的山桃花开，因为花先于叶，而此时寒冬才去，山中尚无一丝绿意，山桃开的时候，粉红覆盖山谷，景色迷人，而其他的桃花则要在它之后半个多月才完全盛开，那时候大部分春花也都开了。

晚清，英国有个植物间谍叫罗伯特福琼，他一举成名是因为偷了茶叶树种，但他最初来中国的目的不是偷茶，而是偷花卉品种，其中一项任务是搞清楚北京皇宫里到底有多少品种的桃花。

英国人来中国偷的植物够多，特别是在中国西南地区，植物猎人一个接一个进去，偷的多是原始野生种。现在看来，若没有中国的植物，英国皇家植物园的规模大概会小去一半吧。

清宫内的桃花，多是园艺种。英国本来就没有桃花，在十五世纪的时候才引入，到了罗伯特福琼那个时候，也就三四百年的种桃历史，品种绝对单一，垂涎清宫的桃花，是

正常的欲望。

桃树原生在中国，诗经有《桃夭》一诗。两三千年前，"桃之夭夭"[①]去了西天，经波斯引种到希腊、罗马、地中海的沿岸各国，而后，渐次传入法国、德国、西班牙、葡萄牙，最后进了英国。

波斯一站很重要，西方人最初以为桃是波斯原产的，桃的拉丁名就叫 Persica，就是波斯的意思。波斯是东西方交流中非常有意思的一个节点，比如另有一植物无花果，是从地中海一带传入中国的，中间经波斯，波斯人叫无花果为anjir，这个名字传到新疆还是没变，至今无花果在新疆仍被叫作"安居尔"或"阿驵"，似乎波斯是一个无法逾越的地方，走过路过都被它烙下印记。

英国人的偷桃应该是成功的，现在，他们的植物园里桃花品种足够丰富。其实偷桃不一定非得从皇宫下手，中国各地的富人官邸、园林，都有各种品种的桃花，只是在皇宫下手比较简便，因为中国皇帝已经把这些都收集到了一起。

清宫里的桃花品种最后应该也是散落民间了，反正现在的故宫并没有太多桃花。还好有北京植物园，能将各种品种汇集。

一九六〇年三月，改造后的末代皇帝溥仪去北植工作[2]，骑一辆自行车上班，此时正是桃花盛开的季节，看到满园的桃花，不知作何感想。"到了植物园不久，我觉得又有了第二个家。"这是溥仪在《我的前半生》里所写。

———

注释：

① 出自《诗经·国风·周南·桃夭》桃之夭夭，灼灼其华。之子于归，宜其室家。桃之夭夭，有蕡其实。之子于归，宜其家室。桃之夭夭，其叶蓁蓁。之子于归，宜其家人。

② 溥仪工作过的植物园是中科院北京植物研究所，而北京植物园是北京市级植物园，两者在同一个地方紧挨着，但是两个单位。

Prunus Persica chrysanthemoides

菊
花
桃

棣棠落花簌簌 不言说，但相思

棣棠花在日本叫山吹花，

自古流行，

《万叶集》有多次提及。

「山吹」一词在日本还代表了春光最好的时期，

和煦温暖，

不像樱之早春，

短暂而哀愁。

山吹，

仅汉字字面，

就有风吹山谷之生动。

棣棠花

蔷薇目 / 蔷薇科 / 棣棠花属

　　我在杭州灵隐附近的白乐桥住过一段时间。山脚下，小桥流水。那年春天，出门几步就把梅花、梨花、李花、海棠看了个遍。北高峰下来有一条溪，到了白乐桥宽为小河，河边有一株红白洒金碧桃。这株碧桃我看了很久，因为树荫光弱，枝瘦，但花开得灿烂，一树上有红有白，看得让人惊讶。最初以为是红白碧桃嫁接而成，看仔细了才发现，单朵花上就有红白，显然是一个独立品种。

　　白乐桥一带，迎春、金钟、云南黄馨、棣棠花也见，都是开金黄色小花的垂枝灌木，从立春开到清明，一个接一个，直到棣棠花开，忽然有了一种春天快要过完的感觉。棣棠花在四月上旬开，此时桃李繁花落尽，梅子初结，终于没那么多花了，可以深深地呼一口气。

这些年赏花像有了负担，特别是春天，看不过来。我有时候盯着花看，不看它美丑，而是看花蕊，蕊上花药的颜色，看花瓣的数量，瓣上是否有缺口，花萼如何，花开是否成簇，等等，这是分辨上述几种蔷薇科植物的要点。我不是植物学出身，也非博物学家，却越来越像个伪专家，丢失了一个纯粹业余爱好者该有的轻松乐趣。棣棠花是金色系花中我最喜欢的一个。它不像迎春和云南黄馨几乎成了围墙植物，也不像连翘和金钟花开得太野，有些跋扈。棣棠花文雅许多，也许是因为我事先受了诗文的影响。

我认识棣棠花，初因是书法。我练过几天宋徽宗的瘦金体，当时搜罗了他的《千字文》，以及《秾芳诗》《夏日诗帖》《怪石诗帖》《棣棠花》《牡丹》《风霜》等诸多帖子，但是没写几天就放弃了，既硬又锐，练者没点底气，如同自戕。不过，这些帖子，都很自然，写季节、天气、植物、石头，像是古代一位博物学家的自然笔记。宋徽宗的确就是一位博物学家，痴迷奇花，收罗异石，画花鸟虫鱼图，只是排场奢华，却不失专业，毕竟天下一人。

《棣棠花诗帖》是一首七绝，两个字模糊了，只余二十六个字：众芳红紫囗囗隅，惟此开时色迥殊。却似簸金千万点，乱来碧玉簪头铺。

宋徽宗说众芳红紫，二三月的繁花都是红红紫紫，等到棣棠花开了，颜色才完全不同，说棣棠之色似金。金色合帝王，毫无疑问。传说棣棠花即是金币落入山谷而成，很有画面感。四月踏青，也常能在山坡峡谷看到千万点金黄色，如簸金洒落。

棣棠花在日本叫山吹花，自古流行，《万叶集》有多次提及。平安时期的歌人清少纳言在《枕草子》里记一事，与棣棠花有关。她因畏人言，离宫家居。一日，定子皇后差人送来一信，清少纳言发现是定子的亲笔，忙拆开来看，仅一片山吹花瓣，上写小字："不言说，但相思。"清少纳言感动，不觉流泪，回信：心是地下逝水。定子与清少纳言往来之句，是一首古歌。地下逝水的意思是表面平静，内心澎湃。

Kerria japonica

棣
棠
花

定子以一片山吹花瓣书信，可见在她们那个时代，棣棠花在宫中遍植，在皇亲贵族心里藏着不一般的含义。

"山吹"一词在日本还代表了春光最好的时期，和煦温暖，不像樱之早春，短暂而哀愁。山吹，仅汉字字面，就有风吹山谷之生动。

松尾芭蕉有一句诗写山吹花，"ほろほろと山吹ちるか滝の音"，意为："山吹凋零，悄悄地没有声息，飞舞着，泷之音。"另一翻译我更喜欢："激湍瀌瀌，可是棣棠落花簌簌？"山涧激流，棣棠花落，真是好风景啊。日本还有很多与山吹相关的典故、传说，也有很多地名、人名。岛根县的石见银山遗址为世界文化遗产，名山吹城。棣棠花浓黄的颜色在日本也被叫作山吹色，这种颜色在折扇、屏风、和服、漆器上常见。

山吹也并非一味的好意思。因山吹花瓣像是江户时代流通的货币小判，日语有"山吹色のお菓子"一语，即"山吹色的菓子"，用来隐喻贿赂。这种介于黄色和橘色之间的颜色，无论帝王还是民间的想象，终还是逃不脱对财富的意会。当然，象征财富岂不更好，我还正有山吹庭院的想法。小户人家，筹一株单瓣、一株重瓣即可，花开时，不及籝金，无须千万点，数十点金即可。

忽然觉得放下伪专家心态看花，像一个朴素的自然爱好者，诗意又回来了。回头再想白乐桥溪边的那株洒金碧桃，激湍漉漉，红白点点，完全是另一番味道了。

一树梨花压海棠

或许这户民家正是老夫少妻，
照着古诗词，
种一高大的梨树，
养一娇小的海棠，
等待春天，
一红一白。
如此风景，
又是多妙呢。

梨 花

蔷薇科 / 苹果亚科 / 梨属

张先八十岁纳妾，小妾才十八岁。此事传到好友苏轼耳朵，苏轼忍不住写了一首诗调侃："十八新娘八十郎，苍苍白发对红妆。鸳鸯被里成双夜，一树梨花压海棠。"

苏轼说"一树梨花"，指的是梨花的颜色"白"，说张先年纪大了，已经是白发苍苍的八十岁老头。而海棠却是红艳艳、粉嘟嘟，是那十八岁的红颜少妇。苏轼说梨花对海棠，用了一个"压"字，环境则是"鸳鸯被里"，时间是"夜"，时间、地点、人物、故事情节在一句诗里俱全，情色味的画面浮现出来。

不知道张先看了诗后怎么想。但梨花和海棠的婚姻结果是美好的，梨花活了八十八岁，婚后享受了八年，一点儿也没有闲着，八年时间海棠生了两男两女。张先死的时候，海棠小妾哭得死去活来，没几年就郁郁而终。海棠是因何而郁不好说，是因老头子逝去而伤心，还是担心自己的未来，子非鱼焉知鱼之痛。

在苏轼的诗传开之后，因为这句子之妙，情色味浓，又藏得很好，"一树梨花压海棠"就常拿来指代老夫少妻或是"老牛啃嫩草"。

我看过英国导演阿德里安·莱恩版的电影《洛丽塔》（一九六二年，斯坦利·库布里克已拍过一部），讲的是一个中年男子与一个未成年少女的恋爱。电影另外有一个译名就是《一树梨花压海棠》，很贴的一个名，不过现在说起这部电影，已很少再用此名，"洛丽塔"一词不仅能指代这部电影，也足够表达这层意思——"中年男子和未成年少女的恋爱"。

虽然洛丽塔的年龄比张先的小妾小，但是她与中年男子的年龄差距比张先他们小多了，并不让人瞠目。

一九五五年，电影原著小说《洛丽塔》还遭遇了四家美国出版社的拒绝，被认为"令人憎恶"，作者纳博科夫最后把小说给了法国的一家出版社出版，三年后才在美国面世。可见，在这方面，法国比美国还自由，小说出版后，无论在

欧洲还是美国，都极度畅销，但同时也带来不少指责，也被很多人厌恶。

九百多年前，苏轼的诗一写，张先和小妾的故事便流传了，张先并没有受到道德上的指责，虽说年龄差异悬殊到令人诧异，但毕竟是正儿八经的婚姻，算不上美谈，其中或有苦衷，在当时的社会背景下，看起来也还算皆大欢喜。《洛丽塔》的问题在于她还是未成年，以及中年男子为得到她而挑战了正常的家庭伦理秩序，甚至因为欲望，两人关系堕落到了嫖客和妓女这种地步，最后陷入彻底的悲剧。

在中文语境中，"一树梨花压海棠"的意境还是美好的，并不像《洛丽塔》的故事那般充满欲望，有谋杀，比较阴暗和压抑。梨花和海棠都是春光明媚的。

清代刘廷玑写过一本《在园杂志》，其中提到，有年春天他到淮北巡视部属，"过宿迁民家"，见到"茅舍土阶，花木参差，径颇幽僻"，非常欣喜，特别是发现了小园里，梨花正好开得最盛，微风徐徐，落英缤纷如雪，梨花下有海棠一株，红艳花开正当时，一看到此情此景，刘廷玑"不禁为之失笑"，想起一首绝句："二八佳人七九郎，萧萧白发伴红妆。扶鸠笑入鸳帏里，一树梨花压海棠。"与苏轼的那首诗完全一个意思。无法知道这户人家的庭院植物搭配为何如此，或许这户民家正是老夫少妻，照着古诗词，种一高大的梨树，养一娇小的海棠，等待春天，一红一白。如此风景，又是多妙呢！完全不是洛丽塔式的虐恋。

以中国传统故事的写作手法，这样的故事剧情，二八佳人也许会成为一只狐狸精，是她魅惑了男人，设计谋杀了正室。事实上在我们的旧时故事里，连谋杀也不一定会发生，最后梨花总还是会和梨花在一起，海棠往往夹着尾巴落荒而逃。我们总把罪恶给了年轻貌美的女性，男人却又是无辜的，他老实巴交，不识机关，又步步落入，而正室则是可怜的。此类故事获得道德的称赞，却往往又违背了人性。

东方的梨花和海棠与西方的洛丽塔，其实是两个极端。

尴尬的石楠花开

我不明白的事是，
为什么马路边、
社区里会选择种上石楠树，
若是说四季常绿，
可以选择樟树，
要有花香可以种桂花，
要高大可以选法国梧桐，
除了每年春天让人尴尬，
石楠还有什么特点呢？

石楠花

蔷薇目 / 蔷薇科 / 石楠属

坐在我边上的两女人正背后说人。

"她竟然说这花有香味，还凑上去闻，是真不知道，还是装天真啊。"

"大概真没体验过吧。"

"不会吧，她年纪也不小了好伐。可那也不好闻啊，这味道。怎么会在城里种这种树呢？"

嘲了一会儿那个不在场的女孩后，冷场。我地铁到站，刚好出场。

我想，她们大概陷入了沉思，脑海中浮现出一些精彩的生活片段，重新回味了自己年轻时的匆匆那秒。我不是有意偷听，她们也绝不会知道，就这么三言两语，边上有人能明白她们的意思。是啊，除了石楠花，还会是什么呢。

其实，我走出地铁站，就闻到了那味道。路边石楠树正开花，满树白色，散发着一股浓烈的味道，让人联想到精液的气味，其实也不用联想，就是，非常精准。瞧瞧路人，不都心知肚明，只是装作茫然，但表情一丝尴尬。

石楠花怎么会和精液有如此相似的气味呢，只能说它们中有某些成分类似或一致。精液的成分，很容易查到资料。若说气味，一些胺类物质往往含有刺激性气味，精胺、亚精胺、腐胺、尸胺等都是精液中的胺类物质，大概我们闻到的精液味就来源于此。

石楠花中是否也有这些成分，竟然查不到资料。很奇怪，这种每年被人议论的植物，虽然说多是私底下，毕竟也是热点，竟少有人去研究或破解一下。我以为以中科院植物研究所的实力，分分钟的事，随手检测，发个布告，这其实就是如何如何，无需大惊小怪。但结果只能说，所里的人，都不好玩。不过，我要是手头有设备，倒是愿意测一下，也鼓励有资源的，趁着鲜花盛开，抓紧时间。不然又是一年，周而复始。

我在网上查到有心人从同科属植物的花香成分做了推测：

　　"石楠属于蔷薇科苹果亚科石楠属，同一亚科的山楂属、枸子属和花楸属的花也都有腥气，是由其挥发成分中的三甲胺引起的。因此，石楠花的气味很可能也是由三甲胺引起的。"

　　三甲胺的特征是这样的：常温下为无色气体，有鱼腥恶臭。这好像也差不多，是有点鱼腥味的意思，但说恶臭，过了一点，我作为男同胞不接受。一种气味浓一点或淡一些，给人的印象会完全不同。不是说过吗，林黛玉有体香，但是她微微出汗，就一点点臭。

　　其实有这种味道的植物很多，山楂花开的时候也是这股气味，如此再想起那部浪漫的爱情故事《山楂树之恋》，总觉得怪怪的。我不明白的事是，为什么马路边、社区里会选择种上石楠树，若是说四季常绿，可以选择樟树，要有花香可以种桂花，要高大可以选法国梧桐，除了每年春天让人尴尬，石楠还有什么特点呢？

有一种石楠树除外，那就是红叶石楠。这是一种园艺杂交种石楠，初叶绛红色，成片种植，整齐修剪，一下打破了"春天来了，树木绿了"这一规矩，在城市绿化中铺天盖地发展开来。红叶石楠倒是好看，也少见开花，大概因为被不断修剪，失去了机会。这要是开起花来，还是那味，则该如何是好。

不过花的气味这事，不能怪花，毕竟花乃生殖器，花香、花臭，都为生存，招蜂引蝶，是春心荡漾的生活。难得石楠有人味，见怪不怪。昨日住酒店，隔壁鸳鸯声响，总不至于去敲人家门吧。

凤凰非桐不止

菊花最后变成皇室专用，
『十六花瓣八重表菊纹』
成为皇室家徽，
再后来成为天皇专用，
而亲王们的家徽被削减了花瓣，
定为『十四一重里菊』，
即一层十四瓣花瓣向里窝着的纹样。

泡 桐

玄参目 / 玄参科 / 泡桐属

托在日本的朋友找一枚五百日元的硬币。

"好啊，干啥用？"

我说那上面有泡桐花的图案。她很快就找了一枚出来，拍照给我看。果然，三束泡桐花。五百是日元面值最大的硬币，一百日元的硬币上才是樱花，菊花出现在了五十日元上，十元硬币的数字面有月桂叶，在日本最受欢迎的硬币是五元，上面是水稻，最小面值的一元是一干三枝八叶的小树，说不上来是什么植物，有说是某种神木。

这五百元硬币上除了泡桐，反面还有竹叶和橘子，我推断不出这里面的逻辑。但泡桐这种稀松平常的植物能出现在日本货币上，实在让人惊讶。还有，若稍有留心日本政治，多注意日本首相的出场，会发现，首相发表演讲的时候，其讲台上有一蓝底金色的图案，此图案与五百日元的花构图近似，一样是三束，毫无疑问也是泡桐花。

在日本，菊花代表皇室，历史很久了，从平安朝开始，菊花一直是日本皇室和贵族的最爱，以至于从中国传入的重阳节因为时节对应菊花盛开，成了菊花节。菊花最后变成皇室专用，"十六花瓣八重表菊纹"成为皇室家徽，再后来成为天皇专用，而亲王们的家徽被削减了花瓣，定为"十四一重里菊"，即一层十四瓣花瓣向里窝着的纹样。但菊花这一花卉并非皇家专用，民间使用没有太多禁忌，庭院种菊也是常见。

樱花自然为日本国民之花，最初更多代表的是武士阶层，它在盛开时凋谢，绚烂悲壮，象征武士精神。日本到处都是

泡
桐

櫻花，但很少有人在庭院种植，虽然人们欣赏它，但毕竟不算是吉利。

桐纹在古代日本也有，足利家族用过桐纹。后来的丰臣秀吉的家徽也用桐纹，之所以用桐纹，自然是因其有着不同寻常的意义，最后能成为首相官邸的符号，这让我想起中国人对梧桐的认知。中国有一句话叫"凤凰非梧桐不栖"，意思是凤凰择木而栖，比喻贤才择主而侍，这梧桐不就是首相府吗，凤凰自然是首相。所以，泡桐应该是日本人对梧桐的附会。泡桐是原生中国的植物，日本原本并没有，其传入日本时候，大概以桐而名，最后造成误解。

其实，这也不算糟糕，我们还把悬铃木叫梧桐，而百树之王的梧桐又有几人识得。甚至"凤凰非梧桐不栖"这层意思也只停留在古文书上，与我们生活毫无关联。但在日本尚有传统，若家里生了女儿，就会在院子里种一株泡桐树，等女儿出嫁时，伐了泡桐做家具。

泡桐也的确是日本常用的木材，各类珍贵的茶、香器物，多有专门的泡桐木盒子。在国内，我们嫌泡桐木太松太轻，在各种家具上完全弃用。我们更爱硬木，爱各类红木。事实上，我们对泡桐木同样有认知上的错误。我们说古琴为丝桐，丝乃弦，桐为琴板，说桐木为琴，多误解为泡桐。的确泡桐木材松，适合制作很多乐器，但古琴之桐，实乃梧桐。

古人栽梧桐做琴，却又不是做琴为自己。中国人栽树，所谓前人栽树后人乘凉，往往是一个家族世代的期盼。梧桐之生长慢，不像泡桐，几年即可成材。梧桐能有琴材之径，需人之一辈子的时间。我们栽梧桐，一是因为"栽下梧桐树，自有凤凰来"，是祥瑞之象征，是盼望；二是栽梧桐做琴，实乃为子孙所留。而且伐下祖辈留下的梧桐，亦不能马上为琴，几十年的存放乃是必须。

我的古琴老师在琴房存有几根桐木，已经很多年，仍没有将之斫琴的意思。年份是最后为琴音质的关键。但如今，没有祖辈帮忙，老梧桐木难寻，好的琴材现在多用老杉木，古代之房梁、柱子多用杉木，现在到处拆迁，容易寻来做琴，也不输梧桐。当然也有泡桐木制作的琴，因为新材易寻，材料固定，少有变化，用于制作入门琴为主。

树木有什么象征，都是人定的，木材能有何用，亦是人用的，只要意义和质地美好，也不算有什么误解。不过是诗经上一句"凤凰鸣矣，于彼高岗。梧桐生矣，于彼朝阳"，梧桐便与凤凰产生了关系，有了地位。而后庄子见惠子时又说："南方有鸟，其名为鹓雏，子知之乎？夫鹓雏，发于南海而飞于北海，非梧桐不止……"这鹓雏被认定为凤凰，凤凰非梧桐不栖就是这么来的，于是梧桐就更高贵了，再后来，就有了"栽桐引凤"一说。

日本首相府用泡桐之花，实乃指代中国的梧桐，以之为标志，就有了"栽桐引凤"的意思，首相府自然是要选良相以治国。

泡桐花在五百硬币上，为最大，在樱花之上，更在菊花之上，想想特别有意思，官在民之上，这是传统观念，天皇在民后，这是西方民主思想。

文徵明的紫藤

紫藤寿长，
生命力强劲，
园名、宅邸、景观随人、随时局变更，
它没有，
它的茎干也早已攀附到了一墙之隔的拙政园，
终于将两者联系在了一起。

紫 藤

蔷薇目 / 豆科 / 紫藤属

忠王府闹鬼，是苏州的朋友告诉我的，"苏州博物馆的老馆长也这么说"。说是晚上，忠王府的戏台总有人在唱戏，唱戏的声音还不止一人听到过。忠王府与苏博连在一起，苏博傍晚关闭，忠王府也一样。所以，晚上那地儿没别人，但值班工作人员说，晚上戏台常有戏。

忠王府闹鬼一说，由来已久。清代常熟人钱泳的《履园丛话》中就有提及，当时园子尚名"归田园"，紧挨着拙政园，是明侍郎王心一所构建，到了清代，仍居其中的王氏子孙欲将园子出售，"辄见红袍纱帽者，隐约其间，或呼啸达旦"。侍郎早已是故人，仍不能割爱，如此一闹，则没人敢接手。钱泳说侍郎曾与人通信提到，园中一花一木皆是自培，是花了心血的。此类闹鬼的事情在民国时期《袁殊文集》中也有记载。但我没机会见识，大白天的，只是道听途说。

我每次去苏博都是因为去看特展，前些年有"明四家"的特展，每个都没落下，每次去都是排队，漫长的队伍，让人精疲力竭。看完展，我会去馆内一间宋代风格的草堂逛逛，休息一下。草堂是仿江南民间厅堂建筑，门窗则是宋代风格，名墨戏堂。那儿靠墙种了一排金镶玉竹，竹节天然弯折，是金镶玉竹的特点，我熟得都能数出来有几根。然后去忠王府，每次去，都看太平军官的文书布告，那像蚯蚓爬一样的字体，总令我发笑。要是太平军最终得逞，中国会是怎样，想想就令人毛骨悚然。最后才是去看文徵明手植的紫藤，在那儿的石阶坐上好一会儿，先前的头皮发麻要在那儿才能消散，然后出馆离开。

文徵明的这株紫藤，算下来有四百多岁了。我没有一次遇上它的花期。像"明四家"特展又都在秋冬展出，碰不上。这没办法，文物展出的最佳时节就是秋冬季，与天然的花展并非一道。

我大前年去看文徵明的特展"衡山仰止"，应该是十一月下旬，看完展，兜完一圈，到紫藤处，坐在台阶上休息，突然看到地上有半裂的豆荚，这不是紫藤的豆荚吗？我捡来，掰开来见还剩一粒。很幸运，比看展还开心，带回来种，没有发芽。现在我看到苏博的小店里开始卖紫藤的种子，是以文徵明为卖点，算是有心，但我已是心有余而地不足了。因为那颗种子没有发芽，去年已入了两株小紫藤，一株树干弯曲，盆栽制作盆景，一株挺直，种地上上架。紫藤是大型植物，院子里种植，一株就已过于饱满。但又不死心，往后要是再有地方，一定要种一株文氏手植紫藤的后裔，沾染一些明代文人气。

　　说起文徵明的这株紫藤，现在虽在忠王府，却是与拙政

紫
藤

园有关。拙政园建在明正德年间，建造者是弘治进士、御史王献臣，此人官场失意回乡，寻了一块地建园子，眼光毒辣，地址是唐代陆龟蒙的宅第，在元代此地是大弘寺。王献臣以晋代潘岳《闲居赋》中的句子"筑室种树，逍遥自得……灌园鬻蔬，以供朝夕之膳……此亦拙者之为政也"，取园名拙政。是说自己笨拙朴实，以花园为政，养花种菜为日常。

文徵明和唐伯虎、祝允明、徐祯卿合称"吴中四才子"，当过翰林院待诏，与王献臣一样，也是不满时政辞官回乡，所以两人应该是惺惺相惜成为好友。文徵明参与了拙政园的规划和设计，写了《拙政园记》，画了《拙政园图三十一景》，并为每一景点题诗一首，还在东面一角亲手栽种了一棵紫藤。

王献臣死后，他的儿子一夜豪赌，将拙政园输给了徐氏，后来拙政园屡易其主，几度荒废易名重构。明崇祯四年，园东部归侍郎王心一，也就是后来闹鬼的"归田园"。到了咸丰十年，太平军进军苏州，拙政园包括归田园变身忠王府。现在的拙政园只是当时王献臣和文徵明所构建的拙政园之一部分，而文徵明手植紫藤则处在了现在的忠王府。

紫藤寿长，生命力强劲，园名、宅邸、景观随人、随时局变更，它没有，它的茎干也早已攀附到了一墙之隔的拙政园，终于将两者联系在了一起。

文徵明手植的这株紫藤虽有四百多年，但还不算最老。在苏州一中，有一株紫藤，种植于宋代中期，有千年历史，留到现在，非常不易，其枝干直径两尺多，比上海闵行古藤园的那株紫藤还粗，应该是国内最老的紫藤了。我也是年年说要去看，年年都是错过。不过，今年算是见多了紫藤，前些天去嘉定的时候还偶入紫藤园，可惜去早了几天，并非最盛开的时候，但见到一个开重瓣花的品种，真是难得。之外，在杭州的郊外还见识了野紫藤，颇为壮观。

　　清明时节，在杭州龙井的山里闲逛闻茶香，沿着满觉陇路往山上，常见一地的藤花，抬头见紫藤花垂挂在高树上，顺着花叶往下寻，见紫藤的茎干从地面攀着树往上二三十米不止，大气啊。在开阔处，还见对面山坡成片的紫色，与园林中呈现的紫藤相比，有着完全不同的观感，真是远看山有色。

　　我看杭州与苏州之不同，仅以紫藤一例，苏州要看小一点，在园子里走，紫藤萝下，看戏听故事。杭州得看的大一点，从天上往下看，以西湖为中心，南北和西部皆为山，只留了东面一个出口。清明时节，紫气从东来，入瓮一般进入山里，再无它处可遁，于是便有了漫山的紫色。

凤丹白露

我喜欢凤丹，
是恰好院子里有一株。
我能欣赏素雅，
但绝不讨厌繁华。
妩紫嫣红的牡丹恰如盛唐，
艳比贵妃，
素雅的凤丹似宋，
汝窑般高冷。

牡 丹

五桠果目 / 芍药科 / 芍药属

院子里有一株牡丹，年年都开，白花，没有一点富贵相，我喜欢得不得了。

牡丹不是我亲手所种，是前房东的遗留。他大概听了卖花人的鬼话，"红花复瓣，国色天香"，于是满怀期待，买回来种下，结果花苞展开，素雅如露，完全没有自己印象中牡丹该有的富丽。最后搬走了，再三嘱咐，要我好好照顾院子里的一株无花果，都没提到牡丹。

这株牡丹不起眼，但恰是牡丹本来的样子。白花，单瓣，花大如碗口，名凤丹，是牡丹最原始的几个品种之一。

凤丹的名声的确不是由观赏而来，而是药用，因其根系发达，选育而成为一种广泛栽培的药用牡丹。牡丹的药材名为丹皮，用的就是牡丹根皮，在秋季牡丹落叶后，采挖生长了四五年的牡丹，剥皮，晒干即是。

所谓道地药材，凤丹之地在安徽铜陵，有着最具规模的凤丹种植基地和上千年的种植史，凤丹之名也可能就来自铜陵的凤凰山，即凤凰山的牡丹。我有一朋友的家乡在铜陵，说是四月天，铜陵乡下开满凤丹之白花，也少有人赏花。看牡丹的都去了洛阳，收购丹皮的才去铜陵。不过，凤丹也不只有白色，偶尔也有粉色的凤丹，所谓凤丹白和凤丹粉，是凤丹的两个品种，无论粉还是白，看着都太素雅。

现在的凤丹经过千年的人工栽培史，已算是栽培种，其原始种或野生种名为杨山牡丹。 杨山在洛阳西南的嵩县，据报刊载，以前满山都是野生牡丹群，现已被挖得所剩无几，当地村民常到山上挖野生种的牡丹，移栽到自家院子，或是药圃，现如今要进山找野生牡丹，需要深入到很偏僻的山脚旮旯。

杨山牡丹不只生在杨山，从陕西、河南、湖北、安徽等这一路山区，皆有野生群，从地图上看，从西到东正好一条线上。但杨山近洛阳，离传统的政治中心近，杨山产的野牡丹得便利，传入洛阳，因其强大的生命力，成为诸多牡丹的嫁接砧木，以其花大如盘的优势，被用于杂交新品种。

牡丹能有今天这般丰富的花色，都是从最初的几种野生牡丹杂交而来，紫牡丹、黄牡丹、紫斑牡丹，以及杨山牡丹等七八个原始种。

虽说根据这些原始牡丹的简单排列组合，我们能够如水彩调色一般，大致推测出杂交品种的演化历程，但是到了宋代出现"姚黄"和"魏紫"这样的极致品种，已经完全超出了想象，像墨里含金的"烟绒紫"，只能说是偶然发现。

不过我们还是能从现代牡丹的生长特征来倒推出，它有着谁的基因，比如杨山牡丹的基因特征，"小叶多为15枚，卵状披针形，全缘；柱头、花盘、花丝紫红色；树性强，株高多在1.2米以上"。我那株凤丹接手培养也不过十年，现在已快有一个人这般高，可见其树性很强。

几年前，我在扬州原谢馥春的老宅院里，见过一株牡丹，几支老枝也是一人多高，手臂般粗，有着上百年寿命，是清代的时候，谢家专门从洛阳购得，至今仍是每年开花。一百多年前，谢馥春的工人就是在有着牡丹花开的院落里制作鹅蛋粉，美白了几代清朝、民国女子。不过众所周知的原因，老字号的最后境遇都不好。抗美援朝的时候，谢家还捐过半架飞机，却没什么人知道，报章上都不提，大家都只知道常香玉捐了一架飞机。政事不关花事，糟心的往事就不提了。花事才是正事，只可惜我没见着谢家那株牡丹开花，不知花色，好些年过去了，也不知其今天的境遇，以其树般高大，多半也有凤丹的基因。

我喜欢凤丹，是恰好院子里有一株。我能欣赏素雅，但绝不讨厌繁华。姹紫嫣红的牡丹恰如盛唐，艳比贵妃，素雅的凤丹似宋，汝窑般高冷。

四年前，我还播下几粒红色品种的牡丹种子，想跟凤丹搭配，但牡丹苗长得慢，每年冬季落叶后，就只余下一小节干。"牡丹长一尺退八寸"，这是它的特性，今年连枝带叶还不过一尺。这类实生苗，等它们开花，没有五六年，没戏。且这样先种着。所谓前人种树后人乘凉，这是一种境界。我上半辈子栽花下半辈子赏花，是乐趣，拼齐了一辈子，那就是人生。

维士与女，伊其相谑，
赠之以芍药

《诗经》怎么说的：

维士与女，
伊其相谑，
赠之以勺药。

意思是，男男女女，
说说笑笑，
调情交往，
临别时互赠芍药，
以为结情之约，
又表惜别之情。

芍 药

毛茛目 / 毛茛科 / 芍药属

每年，我那株白色的凤丹花开，总有人说那是芍药，依据是它的叶子。真是一叶障目。 花草见多了，主要看气质。芍药柔弱，病恹恹如黛玉，是有才华而无气力的弱女子。牡丹刚烈，天生带着武则天的气宇，国色天香。这两类女人，再怎么相貌类似，透出来的气息也完全不同。

我也有一盆芍药，开始是种在地上，与凤丹相邻，两年都没开花，嫌弃之心萌芽。后来听人说，牡丹和芍药种一起，俗。我不明就里，各花圃牡丹和芍药都种一起，两者花期衔接，以延长观赏期，要说俗，这也算是。为免俗，也想给它换个环境，决心挖出来换地儿，反正它赖着不开花，也许是因为住得不开心。

动牡丹或芍药是有讲究的，所谓"春分分芍药，到老不开花"，是说春分的时候挖芍药出来，动了根系，还分株，以后就很难开花。芍药是块茎植物，类似番薯、土豆，可以通过切分块茎来实现繁殖，但是时机不在我们习惯的春分时节。在牡丹、芍药的著名产地菏泽，有一句话叫"七月芍药，八月牡丹"，说的当然不是花期，而是移栽的时间。芍药开花比牡丹晚十天半月，但动土却需比牡丹早一个月。有意思的是，它俩的最佳动土时间竟然在夏季。此时，大部分植物若移栽换盆皆易死。

我六月份就动了它，趁着梅雨，水分多一些，的确早了点，但对它已心生罅隙，实在等不及了，算是提前补苴。挖了出来又没想好种哪儿。院子小，哪儿都离牡丹近，都俗。最后种在了盆里，爱往哪儿搁就放哪儿。结果，总是忘了它，挤在墙角。

牡丹是木本植物，虽冬季落叶，但骨架常在。芍药草本，草本植物太不起眼了，一入冬又整株枯萎，开春冒芽也注意不到，直到牡丹开花，快败了，才想起它来，哟，我还有芍药没开呢！看它那新生的嫩枝总向着光，侧着长，好像缺了那点光，它就要死了，可怜兮兮的样子，赶紧挪出来。盆栽以后，它每年出三四个花苞，往往最后只开一朵，其余花苞萎蔫。你都能感觉到它轻轻地叹了一口气："我实在开不动了。" 好吧，就是这样一种植物，却是自古的定情之花。看看《诗经》怎么说的：维士与女，伊其相谑，赠之以勺药。意思是，男男女女，说说笑笑，调情交往，临别时互赠芍药，以为结情之约，又表惜别之情。"勺"通"芍"，古代有"约"的意思，"药"，音同"邀"，也可说是邀请，反正都有邀约的意思。此时送到手上的芍药花仍是柔弱的，却有了妩媚之感，让人怜惜。临别赠芍药，要的就是这样的感受，它美，但是弱，它需要被珍惜。这种感受牡丹给不了，玫瑰更无能为力。

我们对芍药的审美，就是传统中国男人对女人的审美，

芍药就是仕女图上的女人，塌肩平胸，神情哀怨。它不自立，渴望男人怜惜。而牡丹和玫瑰恰是现代时尚杂志上的女性。至于古人把芍药列为相，只是一个样貌排序，不涉情感，而别名将离，才是情绪，依依惜别，就是舍不得，情感孱弱，就怕断了。

三月之烟花

现在我们烟花三月去扬州看的琼花，
主要是去看琼花观双亭旁的那丛琼花，
其实并不是原来的那株，
离今最老的琼花树是亭林公园那株，
往前推尚是清代，
而扬州古琼花在隋唐至宋，
到了元就没了。

琼 花

茜草目 / 忍冬科 / 荚蒾属

昆山亭林公园内有一株三百五十年寿命的琼花,是已知存活着的最古老的琼花树。我去的时候,很兴奋,才出昆山火车站就看到路边有盛开的琼花,"亭林那株肯定也开了",到了亭林公园,老树未开花,只看到密密麻麻点点的花苞。

于是去看昆山的另一宝——昆石,一种晶莹玲珑的石头。这种石头,我在朋友的会所、茶室常有见到,与太湖石不同,它小巧,剔透,形好的单独摆放,形欠一些的可以搭配盆栽。在亭林公园就可见两座大的昆石,一块在东亭,一块在西亭,石头怪异,有别样的气质,名字是真的好听,东亭那块叫"春云出岫",西亭的叫"秋水横波",春风与秋水,出岫与横波,一个好对子。昆石馆里还有一些收藏,都是大石,有不同石质的分类，但看多几眼也就腻了。大并不适合昆石，小巧才是昆石讨人喜欢的原因，可以把玩，八面玲珑，每个角度都可观。即使不那么好看的昆石，若能找到一面有形，与小菖蒲搭配，置于汉白玉雕的花盆上，填些苔藓，灌以泉水，也是雅致可人。

陆游写过《菖蒲》诗，我只记得几句，以"雁山菖蒲昆山石"开篇，是要说菖蒲和昆石，后有一句叫"寸根蹙密九节瘦，一拳突兀千金值"，菖蒲茎短不过九节，茎间密，即使叶子长茂密了，也不过一个铜板那么大，故又叫金钱菖蒲。

古人养蒲，把叶子养得细细瘦瘦的，特别有精神。放在书房，夜间点油灯看书写字，菖蒲吸附烟尘，可护眼，其实乃案头有绿植，看书累了，可把玩休息。"一拳突兀"是说昆石，小小一个，微小处嶙峋，能值千金，很难得。陆游说它们搭配在一起"根蟠叶茂看愈好，向来恨不相从早"。

我也种菖蒲，大的石菖蒲、金边的菖蒲以及迷你的金钱蒲都养，好看的昆石也有过一块，不小心敲了，伤心过一阵，之后也就不再惦念。亭林公园内遍植花卉，琼花自然最多，开得都较外面的晚，大概是因为靠着一座山，植被丰茂，气温相对城里闹市会凉一些，晚几天开花也是有道理的。扬州的琼花开得比昆山的还晚，毕竟在长江的北岸。

琼花以扬州的最为有名，所谓"烟花三月下扬州"，有一种说法是这烟花就是指琼花，三月也就是阳历四月。琼花之名从扬州而来，古诗文称颂的一株琼花就在扬州，但古代扬州的这种琼花与今天的琼花有些不同。现在我们烟花三月去扬州看的琼花，主要是去看琼花观双亭旁的那丛琼花，其实并不是原来的那株，离今最老的琼花树是亭林公园那株，往前推尚是清代，而扬州古琼花在隋唐至宋，到了元就没了。

琼花观的碑廊石刻上有根据古文献记载而刻的古琼花图，图上的琼花外围的花有九朵，这是那株古琼花的特别之处，现在常见的所谓琼花外围多是八朵，所以也叫聚八仙。虽说如此，仔细看聚八仙的花，有时间一丛一丛去数，会发现，也并非每一丛花外围都是八朵，七多、九朵、十朵的偶尔也有。但要找一株树开花都是外圈九朵的，着实没有。

扬州那株琼花在隋朝出了大名，说隋炀帝建大运河就是为了看它，这个说法就夸张了，但说那时扬州琼花名声之大是毫无疑问的，而且别处没有，这才是大家争相去赏的原因。

北宋刘敞诗："东风万木兢纷华，天下无双独此花。"说它无双，四海无同类。欧阳修做扬州太守时，就在琼花树旁建起一座"无双亭"，当官的为游人赏花建一座亭子，也算是基础设施建设，又写诗一首："琼花芍药世无伦，偶不题诗便怨人；曾向无双亭下醉，自知不负广陵春。"

此花因为无双，据传被移栽过多次，据《齐东野语》，宋仁宗庆历年间，此琼花被移栽到开封，长势不佳，被迫迁回扬州。到了南宋，宋孝宗淳熙年间，又被迁移到杭州皇宫内，半死不活，匆忙又移回。到了元代至正十三年，这株琼花枯死，道士金丙瑞补植聚八仙，并筑琼花台一座。但是，补植的聚八仙也没活到今天，不然也轮不上昆山亭林的琼花拔得头筹。

无论古琼花还是聚八仙琼花，都是忍冬科荚蒾属植物，该属植物其实分布很广，从华北到两广皆有。我们现在更多见的还有一种，叫绣球荚蒾。聚八仙或琼花是外围有一圈不孕五瓣花，绣球荚蒾则是整朵花序都是，形成了球状，为与另外一种紫阳花的草本绣球区分，它也叫木绣球。

一架蔷薇满院香①

种一株叫白玉堂的蔷薇，
不看花，
听听名字，
一身正气。
不管花开如何，
都当之花王。
更何况，
还有软塌塌的七姊妹艳丽卧晓枝，
那心境，
真是不摇香已乱，
无风花自飞。

蔷 薇

蔷薇目 / 蔷薇科 / 蔷薇属

秦观的《春日》②写雨后的蔷薇，说"无力蔷薇卧晓枝"。种过蔷薇，就知道这句诗有多贴切，不是那为赋新词的平仄拼凑。

春雨太多，蔷薇枝软，经受不住，沉下来，搭在旁边的树枝上。我院子里的蔷薇就是这样，这种软，很难描述，不是温柔的柔软，也不是遭遇强敌被迫服软。看到秦观说"无力"，对啊，就是那种扶都扶不起来的无力感。我用绳子把枝条吊起，它不往前倒了，但一会儿工夫，就往右晃去，然后再绑一道固定，到最后蔷薇花上，麻绳比枝多。即使没有春雨，蔷薇花开时，亦是花枝下沉。我种的七姊妹，实在是开花的好手，单朵花瓣重重叠叠，极尽繁复，又是七朵一起上，开得差不多了再补上三朵、五朵，一根枝条上十几个姊妹压枝头，不服软不行。

七姊妹是蔷薇的一个变种，也叫十姊妹，非常流行的庭院藤本花卉。不仅是花瓣繁复，开花量大，花色还有变化，初花粉红或红色，开多些日子，有些花会成紫红色。这变紫红的规律，我一直没掌握，反正十几个姊妹总有些红，有些紫。七姊妹有花香，南朝的柳恽咏蔷薇"不摇香已乱"，稍嫌夸张，用来咏木香花刚恰当，但说"无风花自飞"倒是真的，每天一地的蔷薇花瓣，若是下点春雨，花瓣粘着地，扫也扫不尽。

蔷薇的软枝，伸得很长，又不会攀缘，所以古人种蔷薇都上架，所谓"满架蔷薇一院香"，架是蔷薇的量词。有一种白色的野蔷薇，也叫白残花或多花蔷薇，七姊妹的原种，则利索许多。单瓣，有些花瓣同樱花一样瓣尖有裂口，亦有花香。多见山野。虽说朴素，但盛花期也是整株被白花覆盖，蜜蜂嗡嗡吵吵。有一好，秋日能结小小的蔷薇果。

七姊妹是它的变种，变得艳丽，花枝招展，不孕不育。

说起来，野蔷薇还是有诸多颜色，有一种开浅红色花，我没在江浙一带的山里见过。有一年在景德镇的山里看到，多少年前的事了，竟然还惦记着。不过现在城里也常见白花单瓣的野蔷薇，夹杂在月季花间，努力长得比月季还高，几年下来，月季都不见了，野蔷薇长得很好。

我在杭州认识一位花匠。杭州那些家有院子、热爱园艺的人多与他相识，叫他老陈，问他买过木香、蔷薇。他曾在花鸟市场卖花，后退了摊位，在径山脚下不远的田里种花，悠闲自得。他种特别多的蔷薇、木香、月季和玫瑰。我每次去，和他聊上一会儿，都会有收获。他说那城里的单瓣白蔷薇，虽然花叶跟我们在山里常见的野蔷薇基本一样，但有一点不同，它无刺。因为没有刺，不会刺手，方便操作，常用来作为嫁接月季的砧木。嫁接的月季若失去管理，砧木基部长出蔷薇的芽来，没有及时去除，因为亲生，蔷薇芽总能获得更好的照应，越长越强势，嫁接的月季枝条则是养子，得不到足够的养料，逐渐虚弱。

老陈说这种蔷薇叫日本无刺蔷薇。我在《中国植物志》里没有找到这种蔷薇，也不知其拉丁学名。我还特意剪了这种蔷薇的枝条回来扦插，枝条又软又细，开花小，簇生枝头，

Rosa multiflora Thunb

薔

薇

跟野蔷薇基本一致，而且枝条也并非绝对无刺。不过生命力旺盛，生长迅速，跟金樱子一样猛。

蔷薇属植物太多，一一对照有些困难，加上蔷薇、月季、玫瑰、木香的词汇捣乱，一入豪门深似海。

不过，无意中查到野蔷薇的另一变种，名白玉堂，白花、重瓣，还真是没见过。询问北京的朋友，则说常见，多被用作月季的砧木。白玉堂种在一些白花藤本月季中，的确不算优秀。我却是很想拥有一株，就因这名字传统，好听。想到自己曾种过温切斯特大教堂、白科斯塔等白花月季，也还种着至高无上、多特蒙德等红花品种，为了记住那些花名，我都贴了大头照，记在本子里。但花期一过，很快就忘了。

种一株叫白玉堂的蔷薇，不看花，听听名字，一身正气。不管花开如何，都当之花王。更何况，还有软塌塌的七姊妹艳丽卧晓枝，那心境，真是不摇香已乱，无风花自飞。

———

注释：

① "一架蔷薇满院香"出自晚唐诗人高骈的《山亭夏日》：绿树阴浓夏日长，楼台倒影入池塘。水晶帘动微风起，一架蔷薇满院香。

② 出自秦观《春日》："一夕轻雷落万丝，霁光浮瓦碧参差。有情芍药含春泪，无力蔷薇卧晓枝。"

月季若不开，但愿青苔在

月季要生长良好有三大要素，
阳光充足、
空气流通、
排水良好，
这样的基本条件越来越勉强，
排水我还可以人工疏导，
阳光和空气是上天的安排，
无能为力。

月 季

蔷薇目/蔷薇科/蔷薇属

　　好吧，安吉拉月季开了，这是我那个阴翳的院子里所能长好的唯一月季品种，开得还算不错，花形也是我喜欢的，花瓣荷状，花色粉红，缺点就是没什么香味，要凑很近了才能闻到一些。因为是藤本月季，长得高一些，虽然环境不够合适，但是也还算有些错综的枝条，只是比不过蔷薇的浓密。花期倒是刚好紧接着我的七姊妹蔷薇。夏日蔷薇季中，有它们俩，我已是心满意足了。

　　我原本打算收集一些月季品种，也想过一个系统，比如从墨红色到红色到粉色，再有白色，另外加一个冷色调的蓝丝带，花瓣多数为重瓣，最好有一两个单瓣的，因为看惯了双眼皮，突然看到单眼皮，会觉着聪明可爱得多。另外要有几个花特别小，植株也矮小的。藤本月季的花则可以适当大一些。我把靠着墙的一块阳光还不错的地留给了它们。

就是照着这个大致思路，收集了一段时间，也算是较为丰富了。但一年后我就停了下来。院外的樱花长势太好了，简直就是巨型乔木，挡住了院子里一大半的阳光，只有清晨和正中午能见着太阳，也是晃一晃就过去了。但那樱花是公家的植物，不能私自处理，更何况樱花季的时候，也是好看，落英缤纷的场面，我搬把椅子坐院子里就能欣赏，风一吹就能淋一阵花瓣雨。而且樱花之间也在互相竞争，长势弱一些的几株樱花今年基本上已被盖住，铁定活不下去，前车之鉴，去年已经亡故一株。其实不对樱树进行修剪，自生自灭也非上策。

关于光线，这么说吧，前几年我的碗莲还能开，养在水缸里，一年能开几朵荷花，这几年已经彻底只长叶子不开花了，而且叶子通通向着阳光的一侧倒。我是把荷花能否开花当成光线是否足够的指示，如此我知道危矣。随着外围植物的生长，光线越来越稀。那些月季虽说一年三季都能开，但是开得越来越勉强，花量也减少了。我有一株蓝丝带，算是中型月季，开微微有些蓝色的花，长得有一米多高，接触的光线相对多一些，但是现在一年就开一朵，枝丫也只有个位

Rosa chinensis jacq

安吉拉月季

数，梅雨季期间，叶子还长黑斑，也是够可怜的。

月季要生长良好有三大要素，阳光充足、空气流通、排水良好，这样的基本条件越来越勉强，排水我还可以人工疏导，阳光和空气是上天的安排，无能为力。我如今去花市物色植物的条件都发生了变化。首要条件是喜阴，还不是耐阴，耐是忍受，"我能接受，就是有些不爽"，喜是享受，"我最讨厌太阳直射了，能在树荫下，好舒服啊"。于是今年终于搬来了瑞香，种下了玉簪，瑞香四季常绿，早春开花，且香，喜阴。玉簪春季长叶，叶片肥大，夏季开花，忌阳光直射。另外山茶也是不错的选择，虽说它们在春秋喜好阳光充足，但在光线不佳的地方也能生长良好，只是开花量少一些。谁又会担心山茶的开花量呢？

还有一点，少种一些需肥量大的植物，少一些腐殖肥，土壤中的蚯蚓就可以少一些，如此，阳光也少，我可以开始在一些地面铺设苔藓了。于是月季似乎要退出舞台了，不过仍有几个还能坚持。比如传统的中国月季月月红，开花早，

在樱树叶子还没完全长出来的时候，它接受了阳光，孕育了花苞，还能开上一些花儿。这种月季承载着我的童年记忆，那是小时候农村家家户户都有的一个月季品种。另外有一个微型月季，叫小女孩，长的也还行，不仅花小，植株也小，几乎临着地面生长，而且春秋开的花和夏季的花还不大一样，挺有意思。

还有一个我舍不得的是柯斯特，也属于微型月季，有白、橙、粉几种，花苞含着开，不会完全打开，花量也大，却是因为光线不够好，长势也是虚弱。这是无可奈何之事，英式繁花似锦小花园是不打算努力了，阴翳的日本庭院还是可期待的，铺满苔藓，湿哒哒地养出一些蕨类来，散落一两株山茶和南天竹，然后就可以撒手不管了。

反正只要青苔在，庭院就在。

世界上最小的睡莲被偷了

侏儒卢旺达睡莲萌发的时候需要二氧化碳来帮助萌发。

它在原生地就是这样，自花授粉，开花后的花梗弯曲，果实与泥土接触，它的种子不是沉入水底，这样来年就会发芽。

睡　莲

毛茛目 / 睡莲科 / 睡莲属

看到自己种的睡莲第一片叶子浮出水面，忽然想起了去年冬天英国皇家植物园被盗的那株侏儒卢旺达睡莲，那真是可爱的睡莲啊！我有时候很坏地想，这么好的睡莲养在皇家植物园的威尔士公主温室，总共不过五十株，可远观而不可亵玩，总是遗憾。偷盗之人，该是专业人士，若用组织培养，不出几年，呵呵，花鸟市场里就有可能偷偷出现，于是：

"小伙子，我这儿有世界上最小的睡莲。"

"多少钱一株？"

"去年十几万一株，今年养的多了，便宜，两万。"

"哦，那我明年来买。"

不过，这一幕尚未出现，还要再等等。

侏儒卢旺达睡莲是个传奇。这是一种非常迷你的睡莲，花不过一个硬币那么大，是世界上最小的睡莲，只有第二小的睡莲属品种的 10% 大小。相比之下，最大的睡莲的叶子，可以达到 3 米。侏儒卢旺达睡莲原栖息于中非卢旺达一处有热温泉的地方，这就很神奇，睡莲长在温泉里，而且仅此一地有。但是，2008 年，当地的农民为了解决农业用水问题，真的是摸着石头过河，没有经过环保调研，切断了睡莲栖息地的水源，造成只有几平方米大小的睡莲栖息地被彻底破坏，就这样野生状态的侏儒卢旺达睡莲灭绝了。

德国有个植物学家，叫埃伯哈德菲舍尔，此人捷足先登，早在 1987 年就发现了这种睡莲，收集了种子，还挖走了两株，种在德国波恩植物园，在听说原生地灭绝的消息后，德国的植物学家们看着这仅遗的睡莲，大舒一口气，"幸亏"。

好景不长，德国的植物园里的最后两株侏儒卢旺达睡莲被老鼠瞄上了，终于遭遇啃食，危在旦夕。事情就是这样遗憾。那植物学家手里不是有种子吗？是啊，但植物学家们一直没有解决种子萌发的问题，一颗一颗播下去，一颗一颗不发芽。直到英国皇家植物园的 Carlos Magdalena 在播下他最后的二十颗种子时才成功找到解决办法。而此时，德国老鼠正在啃食睡莲。

英国人发现，与一般的睡莲是在深水中萌发不同，侏儒卢旺达睡莲萌发的时候需要二氧化碳来帮助萌发。它在原生地就是这样，自花授粉，开花后的花梗弯曲，果实与泥土接触，它的种子不是沉入水底，这样来年就会发芽。

在播种成功后的第二年，2010 年 5 月 18 日，英国伦敦，英国皇家植物园的工作人员展示了这种险些彻底灭绝的世界上最小的睡莲。Carlos Magdalena 说，虽然整个过程曲折惊险，但现在发现，这种纤小的睡莲花还是很好种植的。听到这种消息，植物爱好者们很兴奋，就知道，未来这种睡莲可以成为园艺植物流行开来。我们不是常常苦恼在碗里种了一株碗莲，结果长成一大缸子，就跟养头小香猪当宠物，养着养着变成了乌克兰大黑猪。这种迷你睡莲的出现，简直就是迷你爱好者的福音。

但，有人等不及了，于是就在植物园下了手。我是打算继续等待消息，无论正规渠道还是某些渠道，也许在 2115 年的某一天，花鸟市场：

"老头儿，我这儿几盆世界上最小的睡莲要不，便宜了，全拿走的话，两块。"

"我靠，这么多年过去了，才降价啊！"

夏日六字真言

栀子花花期太短，
茉莉花小且放不久，
白兰花却从春天开到秋天，
花型也大。
在街头的叫卖中，
茉莉多被串成手串出售，
而白兰一朵就够了，
且有着持久的香气。

白 兰

毛茛目 / 木兰科 / 含笑属

Zizihuo ~ ~ Balaihuo！

栀子花、白兰花的叫卖声，是江南湿哒哒的雨季里，最为动听、解愁的六字真言。有时候白兰花会被茉莉花代替，变成栀子花、茉莉花，但依旧不改六字本色。栀子花、白兰花和茉莉花，是夏日三白，都一样芳香四溢。

栀子花江南常见，单瓣、重瓣，大叶、小叶，品种许多。说起这三白，也只有栀子花是江南有原生的植物，其观赏性也更强，虽说花季不长，但单瓣的栀子花到秋季能结橙红色的果实，非常漂亮。果实还是药材，也是传统植物染色的一种重要的材料。之所以小叶单瓣花的栀子常被栽为盆景，多为秋冬赏果。而重瓣栀子花则成为园林绿化的主力。

在广东有一种栀子盆景的做法，有诗意的名字叫"水横枝"，其实就是水培栀子。栀子水培容易生根，料理得好，可以养得很久。我自己扦插栀子，也常是先水培长根，再入土栽培，成活率非常高。

在古人的诗词里，还常把栀子花误解为传自天竺，其实茉莉花才是，而且茉莉更适合在南方生长，虽然江南也有种植，但过于勉强。茉莉花在南方是四季常绿的灌木，甚至长为藤本，在江浙一带则秋季落叶、冬季嫩枝枯死的小灌木。很多人养茉莉，到了冬天就以为把茉莉养死了，其实来年天气转暖，从基部能再生发枝条。

南京郊外六合金牛山地区有一民歌叫《鲜花调》[①]，唱的是茉莉花、金银花和玫瑰花，歌词稍微一改，也有唱牡丹

花的。"好一朵茉莉花，好一朵茉莉花，满园花草香也香不过它。奴有心采一朵戴，又怕来年不发。"这一婉转悠扬的曲子，就是我们现在熟悉的《茉莉花》的最初原版，多年的传唱，把一朵来自印度、波斯的外来植物，唱成了中国代表。

白兰花则真是经典了，六字真言的叫卖中，白兰花才是主角。栀子花期太短，茉莉花小且放不久，白兰花却从春天开到秋天，花型也大。在街头的叫卖中，茉莉多被串成手串出售，而白兰一朵就够了，且有着持久的香气。

白兰也非中国原生，传自印尼爪哇，属于热带植物。国内多种在福建、两广及川滇，另有黄色品种，在川蜀叫黄角兰。在江南种植白兰花比茉莉还勉强，冬季太冷了，只能盆栽，气温一下降就搬进温室，否则枝干很容易被冻伤。

在苏州，我问过卖花的阿婆，他们多是虎丘人。说起苏州虎丘的长青乡，早在明清时期就遍种白兰和茉莉，专业的种植户，都开辟有暖房。这里所出的花除了在苏州贩卖，还能有余，村姑老太们挑着担，搭车外出卖花，供应上海、无锡和常州。现在则不一样了，虎丘已为苏州城区，除了楼房，哪里还有花草基地啊，阿婆们所卖之花，都来自南方，两广和云南，那里的气候比苏州更适合。

我大清早还去过一趟上海的曹家渡花市，去挑新到的盆景，到得太早，看到整箱的白兰花，都是从广州空运而来，然后有老太太们来拿货，这些白兰很快就出现在上海的地铁口，苏州的老街，随着"Zizihuo～～Balaihuo"的叫卖声，花香流转在繁忙的都市中。

———

注释：

① 这首《茉莉花》也有说是扬州的秧歌小调，经扬州清曲历代艺人的不断加工，演变成扬州清曲的曲牌名《鲜花调》。清乾隆年间出版的一部汇集当时流传广泛的地方戏曲的《缀白裘》集里，收集刊登了《鲜花调》，有曲谱和曲词。曲词除了个别字与现在的《茉莉花》不同外，其他一字不差，这是目前为止，发现的关于《鲜花调》的最早的最完整的记载。

楝花飘砌，簌簌清香细

古人常写诗文说春去常用「开到荼蘼花事了」一句，其实花事没了，后面还有楝花风，荼蘼排在倒数第二，不过是二十四番花信风之压轴。苦楝花的确是春去花还在，衔接了两季。

楝 花

芸香目 / 楝科 / 楝属

楝，处处有之[①]。我却很长时间没见了。

冬日还能常见苦楝子，在干枯枯的树干上挂满了，一串一串，却连鸟都弃之不食，悬着过冬，那枯寒的景象，没有一点生气，我印象深刻，以至于我每次看到苦楝子，就冷得浑身哆嗦。以前就有想过，为什么其他树的果实，无论大小，都很难挨到冬日，早被鸟吃得一干二净，就这苦楝子，能一个不少留着，大冬天还挂着。我只是觉得它气味难闻，但也不至于虫鸟都不食。现在才知道，苦楝树的花、叶、果实、根皮都有毒，虫鸟避之。

印度有一种楝树，跟我们国内的苦楝树同科属，叫印度楝树，在国际上被研究的较多，主要应用就是杀虫。从它的果实中提取印楝素等成分，是目前世界公认的广谱、高效、低毒、易降解、无残留的杀虫剂，且没有抗药性，并对室内臭虫跳蚤具有驱杀效果。

我买过印度产的洗发水，很多都有楝树成分，可以杀头上的虱子，还能治疗头皮癣。国内有一种油膏，现在很难看到了，小时候，在乡镇小诊所的门市有卖，能亮发美发，也含有苦楝子的一些成分，可以杀虫治癣。

在印度及东南亚的印度人商店，现在还能买到约二十厘米长树枝，叫"尼姆"，是用来刷牙的。我买过一根，约两块钱，但没拿它刷牙，我当时不知道"尼姆"是什么，国内有人说是杨柳枝，那肯定不是，看树皮就不对，既不是杨树也非柳树。问了戴眼镜读过书的印度人，写下来，才知道"尼姆"是 Neem，就是印度楝树枝。用尼姆刷牙，可以杀灭口腔病菌，保持口腔清洁，虽然树枝也有毒，但刷牙不咽口水，问题不是很大，而且吞服少量树汁也杀蛔虫等寄生虫。在偏远穷苦的农村，这的确是一个好东西。

国内苦楝树也够普遍，黄河以南到广东，都有苦楝树，但还真的没见过有用它树枝刷牙的，倒是用苦楝树做家具，算是很不错的木料。有些地方因苦楝谐音"苦恋"，婚床非得用苦楝树做，这又是何苦呢。

棟

苦楝树四月开花，花期也长，可达一月，度过暮春，跨入初夏。古人常写诗文说春去常用"开到荼蘼花事了"一句，其实花事没了，后面还有楝花风，荼蘼排在倒数第二，不过是二十四番花信风之压轴。苦楝花的确是春去花还在，衔接了两季。

从小寒的梅花开始，山茶、水仙、瑞香一路走来，我依着花信风一个个看，中途落下一个杏花，临末了，到了谷雨，因为荼蘼花不明是谁，所以没追上，最后一个苦楝花开的时候，手头上事情太多，很少出门，也就没有遭遇，朋友们却一而再再而三地遇见，应了那句"楝，处处有之"。只好托朋友帮忙拍照。

苦楝花很好认，小时候常见，房前屋后，田边河岸，都有。开花的时候，红紫色碎花一树。宋人谢逸的《千秋岁》说"楝花飘砌，簌簌清香细²"，说得非常到位。春末雨水多，一场雨就花落一地，一阵风又是一地，但苦楝花似乎没有穷尽，落花归落花，照样满树都是。

有一点很有意思，我小的时候，在春天见苦楝花开，秋冬见苦楝子满树，却从来没有将两者认为一物。开花的时候，就看花，没有去追问它结什么果。结果的时候，摘青色的苦楝子，用来当弹弓的子弹，也没有去想结果前的花是什么。

农村植物很多，都是乡土植物，千百年来就这么长着，没有一个去探究，都被漠视了。反而偶尔有人带进来几个外来植物，大家争着抢着去问。

现在也常碰到这样的事，柿子树我是熟悉的，前两天见到柿子花，我怔了好一会儿才确定，确认下来是因为花萼，感觉与柿饼对上了。前两天，我一朋友在日本拍到一物来问我，我看了，通过树枝认出来了，哈，那是结香的果，我都没去注意过。

看一物之四季才有意思。入夏了，要多看果，看那些春天常见之花的果，李梨桃杏梅作为水果，还都认识，那么牡丹花后结什么，紫藤花后呢，还有玉兰花的莐葖果，有些人说那是很猥琐的一种果实。至于苦楝子，反而很熟悉。

————

注释：

　① 出自《植物名实图考》："楝，处处有之。四月开花，红紫可爱，故花信有楝花风。"

　② 出自宋·谢逸《千秋岁·咏夏景》："楝花飘砌。簌簌清香细。梅雨过，萍风起。情随湘水远，梦绕吴峰翠。琴书倦，鹧鸪唤起南窗睡。　密意无人寄。幽恨凭谁洗。修竹畔，疏帘里。歌余尘拂扇，舞罢风掀袂。人散后，一钩新月天如水。"

使君子和宝塔糖

使君子这个中文名，
听起来就是人名。
有几个来源，
都跟医药有关，
中国的这类传说故事都特别没劲，
总之有人叫使君，
给人治了病，
于是就叫使君子，
如此应该八九不离十。

使君子

桃金娘目 / 使君子科 / 使君子属

使君子是攀缘植物，非常适合种在藤架或是围墙边。它在初夏开花，花密集，花朵绽放后会逐渐变色，往往一簇花上能看到白、粉、红三色。使君子的生长地在长江以南，不像金银花还可以生长在北方。我每次见到使君子都是在东南亚，无论天涯海角、荒郊旮旯，都常见它的身影。

虽说是攀缘植物，但使君子不像是牵牛、茑萝这样的一年生草本，开花零零散散，它更像是金银花之类，小花儿开在一起，使君子花是穗状成簇，金银花是一对一对生，都是木质灌木，在初夏开始进入盛花期，气质上也很接近。不过，两者可不是亲缘兄弟，金银花是忍冬科，使君子是使君子科，不搭界。但它们在西方世界却是兄弟般亲热，金银花因为被发现得早，中国还是闭关锁国的时候，日本已经大门洞开，洋人先在日本发现了金银花，因为花冠筒具蜜腺的囊状结构，取名Japanese honeysuckle，而使君子是洋人先在中国认识的，又觉得与金银花有着某种相似之处，被叫作Chinese honeysuckle。honey是蜂蜜，suckle是吮吸，可以吮吸花蜜的植物有好多，我小时候常采一串红和美人蕉的花来吸，是有甜味的，金银花我也采了吮吸过，并没有什么甜味，就那么一丝丝。使君子的花我没有吸过，也不像是有蜜可吸的样子。

使君子这个中文名，听起来就是人名。有几个来源，都跟医药有关，中国的这类传说故事都特别没劲，总之有人叫

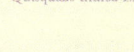

Quisqualis indica L.

使君子

使君，给人治了病，于是就叫使君子，如此应该八九不离十。既然说药用，使君子的药用部分是它的种子，圆柱状纺锤形，大约三四厘米长，有五道纵棱，棱间凹陷。壳内含有种仁一粒，一般叫它君子仁，黄白色，肉质。气微香，味香甜美。稍有年纪的人，应该见识过用使君子的种子驱蛔虫，特别是南方乡野，医生会用君子仁来驱蛔虫，排虫率虽然不是百分百，但因其毒性小，较安全，种子也易得，且味甘可口，故多用于儿童驱蛔。有些方子是使君子和槟榔搭配，槟榔也是南方植物。

出生于二十世纪七十年代前后的人，还见识过更为著名的驱虫药宝塔糖，其实很多二十世纪八十年代出生的人也吃过，我问过现在的小年轻，也都说吃过，但应该已经不是原来的配方。宝塔糖的有效成分也是从植物中提取的，但不是从使君子，这种植物叫蛔蒿，也叫山道年蒿，原生地主要在俄罗斯的中亚地区，中国没有。

所以最初蛔蒿需要从苏联进口，中国的需求量大，得蛔虫的人很多，每年花不少钱。二十世纪五十年代，苏联老大哥大发慈悲，送了 20 克蛔蒿种子给中国，让中国试种。中国政府对该援华项目高度重视，就跟现在从俄罗斯引进飞机发动机技术差不多。这些种子被平均分成四份，在公安人员的护送下，试种在呼和浩特、大同、西安、潍坊等四个国营农场。最后，只有潍坊农场试种成功。为了保密，对外宣称试种的是"一号除虫菊"。怕有个万一，当年收获的种子还留了一部分装玻璃瓶里，藏在了深井里。

后来发生的事，真是曲折悲怆。先是闹饥荒，为了种粮毁了蛔蒿，在饿死面前，大家选择了和蛔虫一起活下去。厂里采购了一批玻璃瓶，结果发现这种"大跃进"时期生产出来的玻璃瓶，质量太次，不密封，毁了原料。终于一切正常了，遭遇了一场水涝，蛔蒿死光光。想起来在深井里还藏了三瓶种子，有两瓶还能发芽，真是万幸。刚刚恢复种植，十年"文革"开始了，蛔蒿地被反动派糟蹋，大概反动派喜欢在自己肚子里养蛔虫，当宠物吧。

"文革"以后，山东种植蛔蒿的农场迎来了好日子。一九七九年，卫生部以及国家医药管理局推广全民服用宝塔糖驱蛔药。很多小朋友们迎来了幸福的童年时光，吃到了甜甜的宝塔糖。没几年，宝塔糖被淘汰，蛔蒿绝迹。不过蛔虫却没灭绝，宝塔糖有市无货。有段时间，全国的药品采购都赶去山东曾经种蛔蒿生产宝塔糖的地区，高价采购宝塔糖，遗憾的是，蛔蒿一株未存，在中国灭绝了。

宝塔糖甜甜的很好吃，当年的小朋友为了吃糖，都骗过父母，"妈，我肚子痛，好像里面有虫子在爬"，于是，当天宝塔糖就买回来了。宝塔糖之所以会被淘汰，是因为有副作用，吃多了会引发健康问题，特别是肝肾功能不全的人。神经病患者或癫痫病患者，不能吃。但它的味道做得真不错，在缺少糖果的二十世纪七八十年代，宝塔糖大受欢迎，容易吃过量，会引起神经肌肉颤抖、痉挛。现在的宝塔糖与以前的是两种东西，不是植物制品，其成分是糖磷酸哌嗪，为了看上去跟过去的一样，用了蔗糖、色素（柠檬黄）、明胶、香精，副作用也不小，偶尔会出现恶心、呕吐、腹泻等。

佳人染得指尖丹

以我自己种植的经验来看，
其生命力相比紫茉莉和土人参要稍微弱一些，
紫茉莉和土人参往往逸生野外，
依旧能疯狂生长，
凤仙花很少出现这种情况。

凤　仙

凤仙花最有意思的是它纺锤形的蒴果，一碰，"啪"，种子全弹射出来。所以，在一些地方，它得名急性子。英文里有一词 Touch-me-not，意思就是别碰我，指的就是凤仙花。无论如何，都是针对凤仙花的蒴果籽荚。

梭罗的《种子的信仰》里有一段写金缕梅、凤仙花的，说金缕梅的蒴果簇生精巧、造型奇特，有坚硬如石的果壳，他把它们放在房间内，三天后的夜里，突然听见房间里噼啪作响，第二天一地的种子，原来是金缕梅迸裂了。然后他写凤仙花："凤仙花种子只轻轻一碰，就会类似手枪持续射发，爆发突兀有力，尽管事先有备，心里多少还有点发怵。有一次，我拿着凤仙花种子回家，种子甚至在我的帽里亦噼啪炸开。"

我小时候采凤仙花种子，要特别小心，开完花以后，就要留意着，因为种子完全成熟，会自动弹射，要找到那个临界点，既成熟了，又还没开裂。手半合着，对着种子，然后轻轻碰它一下，种子就到手了。也可以小心去摘下整粒种子，大部分时候就是在摘的时候，种子一粒粒弹射到了掌心。当然，也可以不去管它，让它自己四处发射，来年春天，花盆里总还是会有一些小苗生长出来。以我自己种植的经验来看，其生命力相比紫茉莉和土人参要稍微弱一些，紫茉莉和土人参往往逸生野外，依旧能疯狂生长，凤仙花很少出现这种情况。

凤仙花的花色也很丰富，且品种也够多，同属有一些凤仙花的名字有意思，如云南那边有神父凤仙花，四川那边有太子凤仙花，都是当地原生品种。一提到凤仙花，很多人就想到染指甲，小时候都玩过，这的确也是一个传统。

染甲本身不是当今时髦，自古有之。唐朝那位写"故国三千里，深宫二十年。一声何满子，双泪落君前"的张祜，写有一首《听筝》诗，写"十指纤纤玉笋红，雁行斜过翠云中"。这玉笋红即是说指尖红色。张祜好像特别迷恋手指，还有一首《箴角簟》里又说："一管妙清商，纤红玉指长。"但这纤纤玉指的红色是用什么染的呢？他没说，好像就是一个常识，无须赘述。

宋代周密《癸辛杂识》就不是写诗了，因为是杂识，写得很清楚："金凤染甲，取凤仙花红者，入明矾少许，捣碎，洗净指甲后敷甲上，用帛片缠定过夜，初染色淡，连染三五次，色若胭脂，洗涤不去，直至退甲，方渐去之。"这一说够详细，历代都照此，相沿成习。往后的各种记载，凤仙花就和指甲扯在了一起，再脱不了关系。明·杨维桢《二十咏·染甲》诗写凤仙花，"夜捣守宫金凤蕊，十尖尽换红鸦嘴"。庭前屋后的凤仙花一开，染指甲就是一桩迫不及待的女儿之事。

凤仙花在农历五月始开，染甲亦从五月开始。五月有端午节，于是染甲在一些地方便成为端午习俗之一。类似《燕京岁时记》上写，旧时农历五月初五端午节，女子将凤仙花捣烂，敷于指甲上。还说端午染指，辟邪驱魔。还有，一些地方又与七夕扯上了，那天染指可使手指灵巧，不抽筋。另，小女孩十指均染，年轻女子和少妇染无名指和小指。各地有各地风俗，又有各种说法。

小时候见邻家女孩子用花瓣捣汁染指甲，也用别的花色来染，并不用明矾，就是好玩儿，不想要了，水一冲就没了。若要更加牢固，可以加些食盐，捣烂后，放半天。然后再敷于指甲盖，用叶子包住，缠好，五六个小时后再解开。以前的小朋友都是睡前染的，早上起来就好了，然后到处找人秀指甲。不过往往把指甲周围也染得红红的，要好几天才能消退，但指甲表层则可以保持更长的时间，染得好，"直至退甲，方渐去之"。

做好的凤仙花泥可以放阴凉的地方保存一些时日，古人把这个叫作凤膏。要是做了放冰箱，则可保存很久了。以前染过颜色的指甲还有一个专门的词叫蔻丹。后来蔻丹又倒过来被用来指凤仙花。凤仙花也因为能染指甲又名指甲草。再提一个名字"凤仙透骨草"，这是凤仙花的药名，很有武侠味，可活血、止痛、祛风湿。听凤仙透骨草这样的名字，才真的好像有避邪驱魔的本领。

竹素浩瀚

竹素园还有一名叫「湖山春社」，
所谓春社，
即是在春季百花盛开的时候，
文人雅士饮酒赏花，
看着花开，
找找灵感，
是一个写诗写词的聚会场所。

竹

禾本目 / 禾本科 / 竹属

杭州，西湖西北边，栖霞岭下，岳坟对面，有一个园子，叫竹素园。我进去过几次。

一次冬日，刚下完雪，我从灵隐寺一路走来，过植物园，到竹素园，还未进门，即闻着花香，一株狗牙蜡梅开在入门右侧，金灿灿的花被白雪压着。

一次夏日，进去看盆景，溜达了一会儿，盆景一般，都是大路货。再往里走，见到了竹林，阳光下，枝叶涂墙，稀稀疏疏，另有沿阶草的影子，像极了郑板桥的兰竹图，特别喜欢。

但竹素园里本来是没有竹子的。虽然名字有竹，但这"竹素"的竹是指竹简，素的本义则是白绢，都是纸张发明前的书写用具。竹素合为一词也就是竹帛、书籍的意思，并非指竹子，更非素雅的竹子。竹素园意不在竹，本来刻意没有竹子。倒是扬州有座园林，名带竹意，也真是种了很多竹子。这座园林叫个园，我前几年去过，大清早，扬州早茶都没吃，饿着肚子去逛园林，目的是去看石头。

"个"取"竹"的一半，指竹，翻译过来是半竹园，剩下的另一半就是它的叠石了。个园用不同石材，叠了春夏秋冬四季主题，其中还有十二生肖。我嫌它叠石太具象，清代的东西总是这样，又满又直接，缺少意味，哪都透露出庸俗气，不是很喜欢。不过，那天看到有一根竹子开花，丝丝絮絮，如稻子初花的样子，实在难得。

个园的个，另一意思是袁枚"月映竹成千个字"的"个"，这个"个"是一幅画面，是竹叶映在墙上的样子。我小时候学画竹，看《芥子园画谱》兰竹卷，它教怎么画竹，其中之一就是用"个"写竹叶，一下就明白"个"中意思。

扬州个园植竹万竿，品类丰富，的确是赏竹的去处，我在那里了解了不少竹子品种，黄竿乌鸡竹、碧玉间黄金竹、龟甲及罗汉竹等。而杭州的竹素园不是赏竹地，种上百花，如书卷，是以此激发文思的地方。

中国文化喜欢含蓄，写个为竹，说竹指书，拐个弯才符实。

个园的叠石就太直接，充满了扬州盐商的暴发户气息。在竹素园种竹容易让人想当然，而忘了竹素的本意。

竹素园是雍正年间所建的园子，建造者叫李卫，当时的浙江总督，是位名臣。李卫在园内遍植花草树木，以竹素园为名，又刻意回避了竹子，显得他立意很高，有文人气质。"竹素园"三字也有出处，西晋张协有《杂诗》十首，其中一首的末句是"游思竹素园，寄辞翰墨林"。竹素在这里对应翰墨，竹素园的意思就是浩瀚书籍的所在。对应现代词汇，差不多就是"图书馆"。

李卫建竹素园，就是建一个自然图书馆，当时竹素园还有一名叫"湖山春社"，所谓春社，即是在春季百花盛开的时候，文人雅士饮酒赏花，看着花开，找找灵感，是一个写诗写词的聚会场所。

竹子也是百花之一，是诗词的常客，李卫造这个园子的时候到底有没有竹子，我很是怀疑，一个中国园林没有竹子，很难想象。食无肉可以，居无竹不成。但我见过一组清末竹素园的老照片，那上面的确找不到一株竹子。竹素园后来因战事逐渐荒废。一九九零年代，园子重建，就是现在看到的样子，花草依旧丰富，但是很遗憾，顾名不思义，种了不少竹子。

画万年花甲

清代是中国盆景发展的鼎盛期，
各类花木盆栽丰富，
植物种类也比以往更多，
还有西洋植物大量进入中国，
并也被用到盆景之中，
有着创新的探索。

海 棠

蔷薇目/蔷薇科/苹果属

在台湾的几天正好遇到台北故宫有一个"盆中清玩"的小展，花了我不少时间在展厅内逗留。临走那天，还有一个专题讲座，却是来不及听，只好买了一本最新的《故宫文物月刊》，里面刚好有一篇讲盆中清玩的文字，算是弥补了听不了讲座的遗憾。另买了一沓《画万年花甲》明信片，是清人汪承霈①画的，也是这次小展的内容之一，是我最喜欢的一组盆景图卷。

我对这个展览的兴趣，并不在其绘画本身，而是这些绘画的内容正好写了清代的盆景作品，故宫将这些绘画作品整理出来，办一个展览，我是将它当作三百年前的一个盆景展来看。

清代是中国盆景发展的鼎盛期，各类花木盆栽丰富，植物种类也比以往更多，还有西洋植物大量进入中国，并也被用到盆景之中，有着创新的探索。

郎世宁有一幅《画海西知时草》就在这次展上，这是台北故宫的藏品，知时草就是现在我们说的含羞草，乾隆在画上描述道："西洋有草名僧息底斡，译汉音为知时也。其贡使携种以至，历夏秋而荣。在京西洋诸臣因以进焉。以手抚之则眠，刻而起，花叶皆然。"乾隆说这种草"以手抚则眠"，感到新奇。这盆含羞草被种在青花白瓷长方盆里，为有刺品种，主干已很粗，可见是养了不少年份，也有人工造型的痕迹。郎世宁又面奏乾隆，说："知时草盆景须用玻璃罩。"可见，照顾得异常小心，否则，含羞草这样的热带植物，在北京养不了这么久。

"盆中清玩"展出一批绘画作品，基本都是纪实写生，无论郎世宁这样的西洋风格的画法，还是纯粹几组国画，都是非常真实的盆景描绘。特别是汪承霈的《画万年花甲》，直接有盆景制作的参考价值。这卷画按春夏秋冬描绘了季节性花卉，依次为海棠、竹、松、桃花、兰、万年青、菊、山楂、灵芝、柏、月季、麦冬、芭蕉、虎耳草、枸杞、水仙、菖蒲、白梅、蜡梅、茶梅、南天竹。

可惜，故宫大概认错了三四个植物，如石上摆放的一盆草应该是麦冬，与水仙放一起的红渣斗里种的才是菖蒲，卷首第一个植物不是山茶，应是贴梗海棠，第四个植物是桃而非杏。这并没有什么要紧，我看的是盆与植物的搭配、植物的造型设计。相比当下的盆景制作，更丰富，也清醒自然得多，没有机械的程式。花盆的选择也丰富，有浅盆，亦用深盆，用瓦也用铜器。石头的搭配亦是不尽相同，让人大受启发。

按《故宫文物月刊》的考证，《画万年花甲》应是在江南完成的作品，时间在乾隆六次南巡之后，写生的则是江南的盆景。那么，观此画卷则能略知当时的江南盆景面貌。

———

① 汪承霈，（？－1805），字春农，号时斋、蕉雪，清浙江钱塘人（原籍安徽休宁）。汪由敦之子，乾隆十二年（1747）举人，历兵部主事、工部左侍郎、兵部尚书诸职，嘉庆十年（1805）四月奏请回籍，卒于途中。善诗词，能书，工画花卉。

灵隐寺旁七叶树

我还看到一种说法，
似乎可以圆了这一误会，
把七叶树叫作中国娑罗树，
这倒是一个好办法，
从古至今，
从皇帝到民间，
所有人都不尴尬。

七叶树

无患子目 / 七叶树科 / 七叶树属

七叶树，我第一次见到是在杭州灵隐寺附近。花如白塔，一座座朝天而开。

据说七叶树的种子可食，味如板栗，我没吃过，也不确信。有一种欧洲七叶树，英文叫 Horse Chestnut，直译可叫马栗，在欧洲特别多，它的种子叫 Conker，也没见欧洲人用它做食物，倒是有一种叫 Conkers 的种子对击游戏是很多欧洲人的童年回忆。

不过这个马栗可不要误解为麻栎，麻栎是另一坚果植物，跟板栗一样，在江南很常见，但七叶树却很少。七叶树的种子我没吃过，麻栎的也一样没吃，因为既有板栗，何食麻栎，这还不是个亮瑜问题，板栗肯定比麻栎好上许多，千百年的

选择，板栗已经胜出。

　　能在灵隐寺附近见到七叶树也是偶然，正好夏天，一抬头就看到这奇特的花序，英国人说这像是白色烛台，我看着觉得像一座座白塔，符合寺庙意境。要不是在花季，平日是绝不会留意到的。七叶树在中原一带才被普遍栽培，我在北京也见过几次，大觉寺和卧佛寺就有七叶树。按理杭州不算是七叶树的原生地，查阅了《中国植物志》才知道，江南一带见到的是七叶树的一个变种，叫浙江七叶树，模式种就来自杭州，具体一点应该就是灵隐寺附近了。

七叶树

寺院附近多佛教植物，佛教的五树六花常布置在寺院周围，佛经有提及的植物也一样成为圣树被寺院栽培种植。若是气候不适，也会有其他植物代替。在南方的寺院，广东、云南及东南亚一带，贝叶棕、缅栀花、地涌金莲等是常见的。七叶树不是五树六花之一，却也是佛教圣树，常被佛教典籍提及。印度王舍城的一座岩窟，窟前种有七叶树，因而这岩窟被叫作七叶窟或七叶园。七叶窟是佛祖释迦牟尼的精舍，佛教第一次结集经典也在此地，是个讲经说法之地。但是，七叶树常被误认为娑罗树，或一说七叶树别称娑罗树。但娑罗就是娑罗，佛陀是入灭于娑罗树下，可不是在娑罗树下讲经。"释迦牟尼在拘尸那城河边涅槃，其树四方各生二株，故称娑罗林或娑罗双树。"

娑罗树是一种乔木，龙脑香科娑罗双属，东南亚才常见，中国只有云南偶有。娑罗树或者叫娑罗双树才更确切，不容易搞混，因为音译的原因，娑罗、桫椤、梭罗等都另有植物，或是别名、异名，很容易混淆，比如有一种树蕨就叫桫椤。将娑罗树与七叶树搞混真是有年头了。比如，我在北京的寺庙看到的七叶树，那些牌子介绍上都注为娑罗树，也不知道现在改过来了没有。

香山寺乾隆御制碑刻的是《娑罗树歌》："……翠色参

天七叶出，恰如七佛偈成时……郁葱叶叶必七瓣，定力院契欧阳修……毗舍浮证涅际，即此娑罗成非讹……"乾隆爷也认为这七叶出的树是娑罗树。他提到了欧阳修，欧阳修写过《赞定力院七叶木》，说："伊洛多佳木，娑罗旧得名。常于佛家见，宜在月中生。"他说伊水和洛水一带，差不多就是中原一带，很早就把七叶树叫作娑罗树。

也就是说至少从北宋以来，七叶树都被叫作娑罗树。我以为是因为梵语的原因，特地查了一下，七叶树的梵语音是"萨多般罗那"，娑罗的梵语音为"萨拉"。我自己试着念了一下"萨多般罗那"，并把语速加快，得到的结果也不是娑罗。

我还看到一种说法，似乎可以圆了这一误会，把七叶树叫作中国娑罗树，这倒是一个好办法，从古至今，从皇帝到民间，所有人都不尴尬。

贾宝玉的私房美容

在日语里，
紫茉莉叫「おしろい花」，
おしろい是艺妓演出前在脸上搽的白粉，
能搽出一张煞白煞白的面孔来，
おしろい花就是白粉花。

紫茉莉

中央种子目／紫茉莉科／紫茉莉属

请看《红楼梦》选段：

宝玉忙走至妆台前，将一个宣窑磁盒揭开，里面盛着一排十根玉簪花棒，拈了一根，递与平儿，又笑向她道："这不是铅粉。这是紫茉莉花种，研碎了，对上料制的。"平儿倒在掌上看时，果见轻、白、红、香，四样俱美；扑在面上，也容易匀净，且能润泽，不像别的粉涩滞。

这是宝玉为了安抚受委屈的平儿拿出来的私房货，是用紫茉莉籽碾粉配料而成的细腻粉底，"轻、白、红、香，四样俱美"。只是我不明白既然是白，为何又红，既然是曹雪芹说的，我只能意会是白里透着红。这直接影响了最后扑在面上的效果，光洁白皙，匀净润泽。

紫茉莉的种子是黑色的，剥去种皮，内里胚乳则是白色，干燥后，用手指一碾即成白色粉末，这白色粉末就是宝玉那款化妆品的主要成分。紫茉莉又被叫作白粉花就是这个原因。

　　在日语里，紫茉莉叫"おしろい花"，おしろい是艺妓演出前在脸上搽的白粉，能搽出一张煞白煞白的面孔来，おしろい花就是白粉花。

　　我平日认识花草，会特别留意它们的别名，查一下它们在英语、日语里又叫什么，别名其实就是对植物的描述，有感性认识也有理性的觉察，不同地方的人认知角度也不同，所以别名很多。像紫茉莉除了叫白粉花，还被叫作地雷花，因为种子卵圆形、黑色、表面斑纹褶皱，像一个迷你的地雷。

　　它还被叫作晚饭花或煮饭花、洗澡花，这其实是一个意

Mirabilis jalapa L.

紫
茉
莉

思，表达的是它开花的时间，正是夏季的黄昏。若在农村生活长大，这样的生活场景一定不陌生，夏日傍晚，夕阳快下屋檐，庭院里，大木桶，小孩儿正在桶里洗澡，一身肥皂泡，另一头农妇还在生火煮饭。此时，破脸盆盛土的花盆或是犄角旮旯里生长旺盛的紫茉莉开放了，传来阵阵花香。它花期长，一整个夏天，日日如此，让人印象深刻。

我在农村长大，有记忆以来的夏季，都有这个花。它的花香总是混在柴火和香皂味之中，但因为花香浓郁，又能跳脱出来，叫它紫茉莉，是说它色紫，花香似茉莉，其实也不同。不过我们那叫它夜娇娇，应该也是夜晚开花娇艳欲滴的意思吧。

英美人更直接，把紫茉莉叫作 Four o'clock flower，也就是四点钟开的花。紫茉莉确切的开花时间就是傍晚四五点钟到次日上午十点钟左右。紫茉莉那个像地雷一样的种子发芽率特别高，即使只在泥土表面，春季一落雨种子即发芽。在一个地方种过一次之后，此后年年都会有。这也正是它能遍布城乡角落的原因。

我院子里的紫茉莉就不是我专门种的，大概鸟雀带来，或是楼上有人家在阳台上养过，夏秋后花籽落下来，从此一发不可收拾，每年害我处理，需要拔除大部分。花是紫色，

最常见的品种。既然长了，我一度想收集白色和黄色花品种，据说多色混种，下一代能长出杂色品种的花来，半白半黄，或是半黄半紫等，或有条纹和色点，各种搭配都有，我却只见过图谱，没见过杂色种。清代的《本草纲目拾遗》上还说有"一本五色"，就更是没见过了。

听起来紫茉莉像是中国传统园艺植物，其实它的原产地在热带美洲。美洲植物从明嘉靖始传中国，这么远的地方传来，一两百年后就开遍大江南北，可见它的生命力，也说明它广受欢迎，以至于草药学家已经研究了它的药性，将它记录在药用典籍中，根、叶有清热解毒、活血调经和滋补的功效。

到了曹雪芹写《红楼梦》的时候，紫茉莉已经深入人们生活，其种子制作的化妆品都已被宝玉收入了宣窑瓷盒，除了白皙透红的化妆效果，还有清热解毒功效，能去面部的癍痣粉刺。这功效曹雪芹没说，宝玉没介绍，平儿用了也没有反馈意见，但《中国植物志》上写了。

坛城边的曼陀罗

植物曼陀罗我见得很多，

在老挝、

菲律宾的山村荒地里见过木本曼陀罗，

在云南大理见过草本洋金花曼陀罗，

还在植物园见过毛曼陀罗。

大概，

我总是够幸运。

曼陀罗

茄目 / 茄科 / 曼陀罗属

一出拉萨城，就看到一株曼陀罗，长在路边，开着花。想叫停车已来不及，留下一个念想。一路向西就再没见着，路过日喀则，绕过玛旁雍错，经过冈仁波齐，在普兰逗留，上千公里过去了，都没再见到。直到阿里札达，热切地想看遗世的古格壁画、托林寺的残缺佛像，结果先遇见了几株曼陀罗，就长在路边，开花结果。

在藏地，有一种说法，能遇见曼陀罗是幸运的。我不确定他们说的"曼陀罗"指的是植物还是坛城，因为坛城也被称为 Mandala。但坛城若已建，总在那里，谁去都能见，没有相遇一说，植物曼陀罗则不定，种子散落，你不知道它的下一轮生命会在哪里。

我遇到的曼陀罗，就长在托林寺残破的坛城附近。沿着马路，正开花，也结着狼牙棒头一样的果实，多少人视而不见，也不认识。路边的藏族姑娘见我在那绕着曼陀罗看，说："du。"我说："我知道它有毒，谢谢提醒。"她却叽里呱啦解释，大概是说她们就管这植物叫 du，等等。语言不通，你来我往好几回，最后越说越糊涂，双方都不好意思了。

　　植物曼陀罗我见得很多，在老挝、菲律宾的山村旮旯地里见过木本曼陀罗，在云南大理见过草本洋金花曼陀罗，还在植物园见过毛曼陀罗。大概，我总是够幸运。

　　曼陀罗品种很多，虽然都开喇叭状的花，但有花色不同，也有重瓣与单瓣的区别，我在西双版纳见到过一种重瓣曼陀罗，花瓣上下两层，像塔楼一般，都不敢相信是真的。曼陀罗最直接的两大类就是木本和草本，甚至在植物分类学上，有一种观点是把木本跟草本曼陀罗划为两个不同的属。木本曼陀罗越往南方越常见，两米左右高，开花下垂，如倒挂金钟，花色有白有红，果实光滑。草本曼陀罗遍布更广，南北都有，花小一些，而且不是倒挂，仰着开，结果通常有刺，所以有些品种被叫作刺苹果。

　　眼前的曼陀罗大概是别名洋金花的曼陀罗，草本，说起来名气很大，分布很广，它就是蒙汗药的原材料之一，也是华佗做手术时所用麻药的原始药材。

明人魏浚在《岭南琐记》中记载："用风茄为末，投酒中，饮之，即睡去，须酒气尽以寤。"风茄即是曼陀罗，其毒性主要在种子，但茎叶和种子都有毒，就不要追究到底是取用风茄的哪部分碾末入酒了。

使用蒙汗药者，不是杀人越货，就是奸淫妇女。宋代司马光在《涑水记闻》中载："五溪蛮汉，杜杞诱出之，饮以曼陀罗酒，昏醉，尽杀之。"这曼陀罗酒也就是魏浚说的风茄末入酒而成。此外，在四大名著之一的《水浒传》中使用蒙汗药的案例就更多了，若把书中与蒙汗药有关的内容整理出来，就是一本蒙汗药使用经典案例。

黄泥岗上，晁盖、吴用等人将蒙汗药放在了白胜的酒桶里，杨志喝了半瓢，"口里只是叫苦，软了身体，扎挣不起。"眼睁睁看着生辰纲被劫。李逵被救，也是因为押送的都头吃了拌有蒙汗药的肉，身子一软，即使天翻地覆，再也管不着。在《孟州道母夜叉卖人肉》中有一段，就更生动了："那妇人哪曾去切肉？只虚转一遭，便出来拍手叫道：'倒也！倒也！'那两个公人只见天旋地转，噤了口，望后扑地便倒……只听得笑道：'着了！由你奸似鬼，吃了老娘的洗脚水！'"这母夜叉孙二娘的洗脚水，就是《水浒传》中还是一样配方的蒙汗药，孙二娘甚至已经掌握了药效发作的精准时刻，掐着时间知道他们什么时候倒下。可见，宋代蒙汗药流行，是行走江湖的必备"良药"，且配伍精密，药效显著。

若论利用蒙汗药奸淫，要数明代大淫棍桑冲，遍走江湖，行淫十年，骗得良家妇女一百八十多人。前无古人，后只有台湾富少李宗瑞。只不过桑冲最后是被凌迟处死，李宗瑞还关在狱中。

桑冲成功的秘诀是易容术和靥昧法，靥昧法要用到"桃卒""柳卒"，这是一种迷幻药物，具体配方是什么，找不到资料探究，看迷幻的症状，与以曼陀罗为主配方的蒙汗药有些像，但配方改良，不再是《水浒传》中的喝下即倒、倒

下即睡的昏迷，而是受人控制的迷幻状态。这种状态如李时珍所说的曼陀罗酒，"笑采酿酒饮令人笑，舞采酿酒饮令人舞，任人戏之"。这有没有假呢，李时珍还亲自试验了一番，说"吾尝试之乃验也"。

显然，蒙汗药要达到预期效果，不止曼陀罗一味，魏浚说的方子是最简单的一种，只是让人昏倒罢了，不仅曼陀罗有此功效，草乌也可，只是剂量严格，一过量就会把人毒死，不会有《水浒传》中那番用药的潇洒劲。李时珍说的"笑采""舞采"则不可信，但他又说尝试乃验，只要他没说谎，关键点在"酿"上，酿就会有配方，但他又不说。

大概鉴于安全，怕被滥用，蒙汗药的具体配方在浩瀚的中医经方、验方书籍中，都没有确切记载。粗糙的使用倒也简单，民间用蒙汗药犯罪也一直发生，只是使用的方法与时俱进，从下酒拌肉，发展到混入烟草。

清乾隆五年，北京城破获一宗骗财、鸡奸案，案犯就是将蒙汗药混在烟草内，对方抽了烟即晕倒，然后劫走钱财。似乎这类案件在清朝很常见，清末还出现了一首叫《拍花》的诗："拍花扰害遍京城，药末迷人在意行。多少儿童藏户内，可怜散馆众先生。""拍花"是一个专门词汇，意思是用迷药拐骗儿童。当然，也不能说曼陀罗只被人利用干了坏事，成了罪恶之花。

传说华佗在术前用的麻沸散，配方里有曼陀罗。《后汉书·华佗传》有段麻沸散的使用记载，现在看来依旧很酷："若疾发结于内，针药所不能及者，乃令先以酒服麻沸散，既醉无所觉，因刳破腹背，抽割积聚。"这很像是一个现代的肿瘤切除手术。华佗用麻沸散让病人"既醉无所觉"，再动刀，还差点用此法给曹操开脑。但麻沸散具体是何配方，其实没有传下来，因为华佗临死前交给狱卒的毕生心血《青囊经》被狱卒夫人烧了。

传下的配方都是传说，传说一：曼陀罗、生草乌、香白芷、当归、川芎六味药组成；传说二：羊踯躅、茉莉花根、当归、菖蒲四味药组成。传说二中的羊踯躅也是一种毒药，花色金黄，漂亮，是杜鹃的一种，羊误食即中毒，走路摇晃、踯躅，严重者死。其实曼陀罗也有一个别名是闹羊花，意思差不多，少量食入，并不会昏倒，而是恍惚迷幻。

因少量曼陀罗有致幻效力，很多地区都视其为神祇植物。在古代南美洲，这种植物被用在他们的各种仪式上，通过少量食用曼陀罗产生迷幻作用，然后唱歌、跳舞、狂欢。有些部族还认为吃了曼陀罗进入迷幻状态后，可以通灵，用以占卜。他们还给猎狗吃曼陀罗，希望狗能因此而通灵，方便他们寻找黄金。

美洲的一些部族也很早就知道，曼陀罗可以治疗某些疾病。比如止痛，他们不仅在分娩的时候使用曼陀罗止痛，有些部族的妇女在哺乳期，会在乳头上涂抹曼陀罗叶的汁水来止痛，但又常常因剂量过大，毒死了婴儿。

他们也发现了曼陀罗能帮助减轻哮喘疾病，这一点，南亚的印度和斯里兰卡的一些地方也有应用，他们将曼陀罗枝叶或种子磨粉，混合硝石，点烟供人吸食或熏香，以减轻呼吸道的痛苦。但是对剂量的控制很严格，一不小心，不是群魔乱舞就是死寂一片，所以只有专门的医师才能操作。

在印度，曼陀罗的使用主要是与湿婆崇拜有关。湿婆为印度之神，是宇宙的创造与摧毁之神。有些湿婆的雕像上，其左手拿着一朵花，这朵花就是曼陀罗。印度教的信徒也常把白色的曼陀罗花供奉在湿婆像前，或是将曼陀罗的果实串成花环献给湿婆。正因为如此，曼陀罗这一梵语词汇有着特殊的含义，它不再只是一个普通的植物名。遍布喜马拉雅山区的曼陀罗，就如同样遍布在这一区域的印度教神庙、藏地佛教的坛城，带着神的旨意，有着不同寻常的意义。我就是在这样的地方看到了曼陀罗，在坛城边看到了坛城。

拧着鼻子才能阅读此文

大王花的种子从遇到宿主到最后萌芽，
需要一年半载，
再花好几个月时间，
从一个芽点长到乒乓球大小，
最后发育到甘蓝这样大，
一个月后，
花苞缓缓打开，
两天两夜，
完全绽放。

大王花

大王草目 / 大花草科 / 大王花属

四月，计划去马来西亚沙巴，目的是潜水，但还是期待在去热带雨林的行程中能遇到大王花，看看这一世界上最大的花的野生状态，也想闻一下纯天然、有机的腐尸味。

大王花在马来西亚、印尼、爪哇和苏门答腊等原生地，全年都有可能开花，但五月到十月才是它们的生长季，其他时间都太偶然。

我四月下旬到，五月上旬回，在野外遇到大王花的概率有一些。其实，若不是看大王花的最后绽放，只是看植物，只要你认得，全年都有机会。在东南亚赤道附近的雨林中，大王花并不少见，因为大王花从种子萌芽到开花，这一过程很漫长。

大王花是寄生植物，它的种子从遇到宿主到最后萌芽，需要一年半载，再花好几个月时间，从一个芽点长到乒乓球大小，最后发育到甘蓝这样大，一个月后，花苞缓缓打开，两天两夜，完全绽放。

这是一个迷人的过程，若非当地人，少有机会看到全程。

作为寄生植物，大王花的种子在刚萌芽那刻，那突出来的芽，就是花苞，至最后盛开，都不长茎叶。它开花结果的所有能量，都来自它的宿主——葡萄科爬岩藤属植物。

很多寄生植物会把宿主榨干致死，极其残忍，但大王花和爬岩藤属植物的关系却和谐许多。有很多细节至今解释不清，但大王花种子的丝状芽体在爬岩藤的茎皮内蔓延，却不会伤害它，在长达一年半的时间里，不停吸取能量，最后种子体积膨大，穿破种皮而萌发，开始漫长的开花旅程。

一株大王花一辈子折腾爬岩藤也就一次，那么努力，也就开一朵花，而花期只有四天。这四天难遇，且惊天地泣鬼神。

盛开的大王花，巨大，花冠直径六七十厘米，甚至有发现花径达一米四的大王花，这个世界上再也没有比它更大的花了。

大王花的色彩艳丽，整个花冠呈鲜红色，上面有点点白斑，看上去就像一块正在发生溃疡、有点血肉模糊的肉，同时散发着一股刺激性的腐臭味。整朵大王花其实就是在模拟一块烂肉，色香味俱全，所以，以前的英国殖民者叫它Corpse Flower，也就是腐尸花。

大王花的恶臭来自它的花粉，目的是招来苍蝇、甲虫等腐食动物为其授粉，当苍蝇、爬虫往来于几朵大王花，忙碌一场，授粉工作也就完成了。据说，松鼠也对大王花的花粉感兴趣，常常从一个花药舔到另一个花药。以前我误以为它只是高冷地嗑些松子，就可以把日子优雅地过下去，其实它如人类，偶尔也嗜好臭豆腐。

我只见过初开未开的大王花，样子不觉恶心，甚至觉得漂亮，闻起来亦不臭，似有些芳香，大概微臭即香，就如林黛玉的汗味。

花开四天，大王花的花瓣逐渐变黑凋零，在几周内变成一摊黏稠的黑色物质，就像一块肉已彻底烂掉。

大王花雌雄异株，成功受粉的雌花会在半年时间里逐渐形成一个半腐烂状的果实。果实球状，又回到了绽放前的花苞大小，有着木质化、棕色的表皮，种皮下充满乳白色、富脂质的果肉，以及上千枚红棕色的微型种子。

这些微小的种子具体是怎样传播的，科学界还存在着相当的争议。而且也鲜少人知道此花的繁殖的方法，所以只能依赖自然传播，这使得人工想要扩大大王花种群困难重重。

加上人类采伐木材、开拓种植园，当地大片雨林正在急剧减少。当地人还相信此花有补肾壮阳的功效，另一说其花芽提取物炮制的浸膏，是妇女分娩时的良药，因而被滥采，更使大王花处在濒临灭绝的危险之中。

无论是印尼还是马来西亚沙巴，大王花都被列为保护植物。一九八四年，国际自然和自然资源保护联盟将大王花列为"世界范围内遭受最严重威胁的濒危植物"。

后记：四月份，到了沙巴亚庇，在行程最后一天，也没有见着大王花，终于决定专门坐车去大王花保护中心看花，那是一片雨林保护区，离亚庇有些距离，到了才知道，只在大王花开的时候开门，有专门的雨林工作人员带队进去搜寻观花。我到的那个时候，保护中心不开门，因为无花可看。

熏风篱落间，蔓出甚绸缪①

看牵牛花要在早上，
一朵一朵紫色花趁着露水，
在清晨日出前的冷色调中盛开，
真是漂亮。
过了中午，
牵牛花就逐渐萎蔫了，
花瓣口会收缩起来，
这是一种自然美。

牵牛花

茄目 / 旋花科 / 牵牛属

牵牛花也不知哪儿来的。

我院子里好多不知道哪儿来的花，现在看起来都已算是经典怀旧的品种，紫茉莉、太阳花、土人参，就这样肆无忌惮地生长开花，一年四季，周而复始。牵牛花已来了三年，散播在各个角落，一不留心就长出来，缠着别的花儿，我一般也不管，由它们去，各有各命，只有真的涉及了其他花草的性命，才去修剪清理。

夏末，出门旅行了十天回来，正是大清早，天色微亮，拉开院子的门帘，"喔，无法无天了"，牵牛花十天的攻城略地，紫色的花开满了一个院子，凡能缠的地方都没有放过，甚至连我忘记收起的晾衣架上也开满了。

想必当年丰臣秀吉起了个大早赶往千利休茶室，一定是期待这样的场景，晨曦下满院开放的牵牛花，这是他要看到的盛景。可惜矫情的千利休，早早地起来，赶在秀吉抵达之前，把花全给剪了，把花圃收拾得干干净净。秀吉兴冲冲赶到，落空，气呼呼膝行入茶室的躙口②，在壁龛前停下，看到在一件宋代铜盆上一朵孤寂的牵牛花，大约也是心头一震，但无论如何不会是欣赏，应该是气得咬牙切齿想赐千利休切腹。

千利休最后的确是切腹而死的。我觉得他就是作死的。有哪个领导受得了被自己包养的艺术家玩弄，在审美上还时不时受到对方的挑战，甚至被毫不留情地侮辱。对此丰臣秀吉肯定也是极为矛盾，他希望千利休低头，哪怕就是一个口头的妥协也行。

牵牛花事件是一场经典的对决，秀吉喝下一碗苦茶后愤而离去。他是踏着露水而来的，他的内心根本容不下千利休这场大动干戈又不露痕迹的行为艺术。

不过是看个花嘛！

看牵牛花要在早上，一朵一朵紫色花趁着露水，在清晨日出前的冷色调中盛开，真是漂亮。过了中午，牵牛花就逐渐萎蔫了，花瓣口会收缩起来，这是一种自然美，一朵花的开合过程就在你眼前走过，同样也能带来对生命的思考。

在日本，牵牛花叫朝颜，汉语的字面意思就是早上的容貌。那秀吉起早赶来看，千利休知道秀吉想看的是什么，偏不给看。他了解秀吉的性格和脾气，却还要赤裸裸地羞辱他，失去了正常对话的基础。即使秀吉把刀挂在茶室外，从低矮的躏口跪行而入，行为上谦卑，内心又怎么做得到。千利休的行为艺术当然也是美的，却不懂人情世故，自以为是了。当然，他一开始就是因此而一步一步受到赏识，最后也因此而一步一步失去信任。他的命运，在我看来也是悲惨的。

叫朝颜的牵牛花并非是日本原产，这是一种从中国传去的花卉，时间大约在唐朝，初入日本的时候名牵牛子，跟唐人的叫法一样。这种花很受日本人喜欢，但并不普及。某一

处有花开，总能吸引人们前往赏花，写诗写歌来赞美它，那些文人雅士根据它开花的特性，求风雅，叫它朝颜。

有朝颜，就有夕颜，那是傍晚才开的花。

在《源氏物语》里提到了夕颜，故事有些凄美。源氏公子路过一家宅院，见篱笆上开着一种从未见过的白花，随后吟诵"花不知名分外娇"，命随从摘一朵花来，此时从一扇门后出来一位女子，手拿白纸扇，说此花太过柔弱，让随从把花摘了放扇子上再交给公子。晚上，源氏发现那把扇子上写着一首和歌"夕颜凝露容光艳，料是伊人驻马来"，源氏有所感，也作了一首和歌作为答歌"苍茫暮色蓬山隔，遥望安知是夕颜"。此后两人互生爱慕，开始交往，一个被称为公子，一个被叫作夕颜，都有着不同寻常的身世，都隐瞒着对方。

正如夕颜之花，夕开夜凋，此女子亦是红颜薄命，虽出身贵族，言语不俗，但并没有过着上层人的生活，一生短暂凄凉。她与公子相见时已是生命的黄昏，忽而开出美丽的花来，才入夜即香消玉焚。

《源氏物语》里的夕颜花被说是开在肮脏的墙根的，是为了说明女子的生活环境，"我这个无家可归的流浪儿"。

其实，夕颜就是葫芦花，或是瓠花，白色，并非开在肮脏的墙根。葫芦花傍晚开花，晚上即闭合。但葫芦这种植物又不是被当作花卉来养护，主要是作为蔬菜，还因为老葫芦可为容器而被种植。

朝颜和夕颜，或者说牵牛花和葫芦，在中国古代文学上并没有什么特别的含义，也少有什么相关的故事。牵牛花在古代名牵牛子，那也是因为它的种子在药用上的价值，重点落在"子"上。包括牵牛之名，也是因牵牛子的药用而得。据南朝的陶弘景解释，"此药始出田野人牵牛谢药"，是村民牵了一头牛去答谢医生的意思。

在宋以前，牵牛因花而被提及的记载很少，其栽种也稀少，整个唐朝，吟咏花卉的五绝七律万千，也很难找出一首与牵牛花有关的。直到北宋才有秦观的三首《牵牛花》，其中一首写："银汉初移漏欲残，步虚人依玉栏杆。仙衣染得天边碧，乞与人间向晓看。"将天上的牵牛星与地上的牵牛相对，而所谓仙衣就是牵牛花，他说此花要"向晓看"，即是说它在清晨开，却没有造出朝颜这样的词语来。后来杨万里的一句"天孙为织碧云裳"就更直接了，天孙即织女星，牵牛花是天上的织女所织。因为牵牛花在盛夏盛开，这层浪漫便与夏日七夕的牛郎和织女产生了关系。

但这层关联很快就淹没了。到了明朝，连牵牛子的叫法都少了，更多叫它黑丑、白丑或是二丑。这倒不是要说它的相貌丑陋，不至于，用李时珍的说法，"盖以丑属牛也"，天干地支，丑指牛，所以还是牵牛。黑丑、白丑更确切说是指牵牛花两种黑色和米黄色的种子，前者名黑丑，后者叫白丑，入药则多用黑丑，有泄水利尿之效，因有小毒，还可用来杀虫。传统药书还常附一偏方：将黑丑研成细粉加入鸡蛋清于睡前涂抹在有雀斑的地方，第二天清晨用清水洗去，连续使用一星期，可以消除雀斑。有没有效，我没试过，因为我脸上本来就没有雀斑，但是牵牛子有小毒，涂抹脸上一定要小心，避免入口。

从明朝晚期开始，牵牛花就多了，大量出现在诗词、绘画等文艺作品中。这正是地理大发现时期，好多旋花科植物从美洲传入东亚，包括番薯，虽然被作为粮食传入，但它的花同牵牛花类似，同样朝开夕闭，还有一种美洲的圆叶牵牛，其花色变化比传统牵牛花更丰富，土壤的酸碱度就能影响花色，此后牵牛花广受欢迎。

日本的情况跟中国有点像，千利休的那个时代差不多是中国明朝晚期，牵牛花也还不多，他那一院子牵牛花，能吸引丰臣秀吉起早来赏花，那是说明此花之稀少。德川家康取

Pharbitis nil（linn.） Choisy

牵牛花

代丰臣秀吉，迈入江户时期，日本的国门渐开，这个时期许多外来植物引入，加之花匠的努力培育，牵牛花出现了大量的变种、园艺种，日本人叫它们变化朝颜，那时的植物画家还画了许多植物图谱，其中有朝颜图谱，像是《朝颜三十六花撰》，这里面不仅仅是牵牛，也混入了不少其他旋花科的植物。

至于夕颜，很有意思。跟着番薯和圆叶牵牛一起传入东亚的还另有一种旋花科植物，此植物花大，而且跟其他旋花科植物朝开的特性相反，它只在夜间开放，名月光花，不仅比葫芦花美貌许多，还有芳香，《源氏物语》里那句"白露濡兮夕颜丽，花因水光添幽香"[③]，用在它身上似乎更为恰当。月光花越过太平洋上岸后，迅速拿下了夕颜之名号。只不过葫芦花凭着几百年古典文学的浸染，有着一个凄美爱情故事的光环，亦不会黯然神伤，时不时有人出来为之著文辩护。

朝颜和夕颜，本不是植物的专用名，作为文艺用语，符合朝开或夕开的特性就行。过于矫情，结局总不会太好。

注释：

　① 题目为明代吴宽的诗："本草载药品，草部见牵牛。熏风篱落间，蔓出甚绸缪。"

　② 日本茶室的小入口叫躙口（にじりぐち），低矮到只能膝行而入，一般高两尺，宽两尺不到。这是千利休从渔船的船舱设计上得到的启发，躬腰曲膝进入茶室，表示无我的谦卑。武士进入茶室前，要把随身的刀挂在外面。

　③ 出自紫氏部《源氏物语》：　白露濡兮夕颜丽
　　　　　　　　　　　　　　　花因水光添幽香
　　　　　　　　　　　　　　　疑是若人兮含情睇
　　　　　　　　　　　　　　　夕颜华兮芳馥馥
　　　　　　　　　　　　　　　薄暮昏暗总朦胧
　　　　　　　　　　　　　　　如何窥得兮真面目

秋风吹过的残痕

日本人一直喜欢鸡冠花的红色，
也迷恋它染出的粉色，
这种粉色以及再浅一些的樱粉色
在日本是有色情意味的。

鸡冠花

石竹目 / 苋科 / 青葙属

　　原来鸡冠花除了鸡冠状，还有球状和矛状。除了红色，还有白色、黄色以及上述各色的杂色。我真是少见多怪了。

　　我小时候养的鸡冠花，开花都是一个样子，扁扁的像个扫把，也很少有别的样子。但现在的城里真是花样繁多。矛状的鸡冠花是在花坛看到的，有红、黄色两色，没有一点鸡冠的样子，但铺花坛的花农告诉我，铁板钉钉，这就是鸡冠花。我套完近乎就讨了一株回来，像个火把，不是很好看。

　　球状的，我在花店里见过，几个颜色一捧，每朵花是不规则的半球形。这种鸡冠花有个好听的名字叫"久留米鸡冠花"。但久留米不是日本的一个城市吗，比如关东煮总是挂名久留米，还有久留米寿司、久留米拉面等很多以久留米为名的日本美食，据说久留米的酒也很有名。竟然还有久留米鸡冠花，且还不是俗称，是正儿八经的花名。

搞清楚为什么叫久留米鸡冠花费了不少劲。我半夜三更发信息问我一位朋友，她写字、画画，吃肉、喝酒，爱花、养猫，在日本留学及生活多年。我问她久留米，果然先说：久留米的酒很有名的。

我不知道日文里鸡冠花叫什么，先是通过查英文名kurume corona 发现很多花店在卖，但都没有具体介绍如何得名。辗转查到日文，凭日文里的零星汉字和我的初级日语猜出一些眉目，但显然无法认知全貌。于是，那爱喝酒的养猫朋友半夜给我翻译，原来日本人叫鸡冠花为鸡头，久留米鸡冠花就是"久留米鸡头"，这个久留米也确是这个九州北部福冈县的城市，另外，久留米是以杜鹃花最负盛名。

传统鸡冠花是从中国经朝鲜传入日本，早在日本的天平时代，差不多我们唐代中期，日本就有了鸡冠花的记载，在《万叶集》《日本药用草本》这类书里，鸡冠花名为"韩蓝"，意思是从韩半岛传来的染色植物。出于好奇，我又去查了和色名，真有"韩蓝色"，却不是蓝色，是一种粉粉的红，为什么叫"蓝"也许是通假"染"，这完全是我瞎蒙。"韩蓝"也被药用及作为蔬菜食用。是的，鸡冠花的嫩茎和花都是可

Celosia cristata L.

鸡
冠
花

以做菜吃的，要是上网查一下，有好多鸡冠花菜谱介绍，特别是用来煮汤。

久留米鸡冠花的传入则较晚。二战后，有叫大月留吉氏的福冈人在印度见到一种花冠是球形的鸡冠花，跟日本常见的鸡冠花很不一样，于是就带回来一些种子，在久留米一带播种栽培。这种鸡冠花株型较高，很适合作为切花，但盆栽，显然不大合适，于是慢慢选育出了较矮的品种，花也更大。新培育的球形鸡冠花在日本大受欢迎，人们以它的栽培地命名叫它久留米鸡冠花。后又从日本外传全世界，于是久留米鸡冠花成了通用名，原生地印度反而被忘了。

日本人描述鸡冠花的美多在秋天。《万叶集》里有一句：

"秋さらば 移しもせむと 我が蒔きし 韓藍の花を 誰か摘みけむ。"这句话直白，但又难以用汉语表述，辗转到了那位爱喝酒的养猫朋友的校友那里，她给翻译了一下："我种的韩蓝，欲在秋天染色，谁特么给摘了。"达到了翻译要求的信、达、俗，大俗乃雅，真好！

一千年后与谢芜村有一句俳句也写鸡冠花，也是秋天："秋風の 吹きのこしてや 鶏頭花。"意思是：鸡冠花的颜色，像是秋风吹过，故意留下的残痕。日本人一直喜欢鸡冠花的红色，也迷恋它染出的粉色，这种粉色以及再浅一些的樱粉色在日本是有色情意味的。比如说在西方，成人电影通常叫"蓝色电影"，中国或叫"黄色电影"，在日本则被称为"粉红色电影"。粉红色电影并不是 AV，而是软式色情，要收敛许多。

鸡冠花在中国没有什么特别的含义，也没有提到鸡冠花染色，诗人写鸡冠花，讲的多是其浓烈的色彩，如明代解缙说"鸡冠本是胭脂染"，当然鸡冠花不仅只有红色，也有金色和白色种，这里有一个不知真假的故事，解缙说的那句话是应对皇帝出的题，待解缙说完，皇上拿出一朵白色鸡冠花，逼得解缙又说"今日如何浅淡妆？只为五更贪报晓，至今戴却满头霜"。

宋人孔平仲还从园艺角度说："禁奈久长颜色好，绕阶更使种鸡冠。"①这样的夏秋季节，特别想种几株久留米，可以等来一阶秋风色。

———

注释：

① 出自宋人孔平仲《鸡冠花》："幽居装景要多般，
带雨移花便得看。
禁奈久长颜色好，
绕阶更使种鸡冠。"

安妮王后的一滴血

无论胡萝卜怎么演化，
它们都依旧保持着
那片安妮王后的蕾丝，
开一样的花，
在白色伞形花序的中央
有一朵紫红色的小花。

野胡萝卜

伞形目 / 伞形科 / 胡萝卜属

一六〇三年，那位曾宣告"我已经嫁给了英格兰整个国家"的女王伊丽莎白一世去世，苏格兰国王詹姆士六世继位，成了英国的詹姆斯一世。三年后，英国殖民者在北美弗吉尼亚登陆。同年，莎士比亚写出了《麦克白》。

这一小段历史，并不是什么茨威格的"人类群星闪耀时"，只是一个背景。

詹姆士的妻子叫安妮，Anne of Denmark，她大概热衷手工，有一次缝蕾丝，戳破了手，一滴血滴在白色的蕾丝中央。想象一下当时的画面，鲜红的血落在了一片白色的蕾丝上，是多么美丽，以至这个画面传入了民间，印在了人们的脑海里。

一些年以后，那些登陆美洲的英国人，见到了正在开花的野胡萝卜，花如白色蕾丝，花中央有一点红花，一下与安妮王后那滴血的蕾丝对应上了，便叫它 Queen Anne's Lace，即安妮王后的蕾丝。

那应该是思乡之情作怪，因为只有北美才把野胡萝卜叫作 Queen Anne's Lace。在英国，没人产生这样的联想，直接叫它野胡萝卜 wild carrot，或者形象把它被称为鸟巢 bird's nest。没有提到安妮也没有跟蕾丝扯上关系。倒是有一种叫大阿米芹的植物，也开白色蕾丝般的花，英国人叫它 White Lace 或 White Bishop's Lace，白色主教蕾丝。

但是安妮皇后的那滴血才是那块白色蕾丝的点睛之色，也是野胡萝卜花值得一说的点。普通观察者一般不会注意到，在一个由无数白色小花组成的硕大的伞状花序的中央，有一朵小花，是紫红色的，像是不该出现在那里一样。

我也从来没注意到中间那紫红色的一小点，因为没人提醒，很难看到，见了也会觉得不可思议。直至在网上看到一场争论，甚至一些专业学院内的专家也认为这不是自然现象，是某些人的恶作剧。这样一桩事情竟然争论了好久，翻找各种资料来求证。又不是什么稀罕的植物，需要翻山越岭，我走出门去找了一下，正是夏日，野胡萝卜的花期，没走什么路就找到了，花序中心紫红色的小花毫无疑问地存在着。

维基百科上说，这点深红色小花的出现，是因为花青素的作用，为了吸引昆虫。这一说太笼统了，但凡花朵上的现象，或香或色或形，都可说是为了吸引昆虫或是方便走四方，总而言之一切为性，为繁衍后代，永续生存。

但野胡萝卜上的这滴红色，是否只是这么简单，我总觉得深藏着一个秘密，在我的认知之外。

野胡萝卜是一种广泛分布在亚欧大陆上的杂草，恰恰不在美洲大陆原生。美洲的野胡萝卜是欧洲殖民者带入的，如蚯蚓一样，大概也是随压舱的泥土漂洋过海而去，随后被清舱堆积在了新大陆，生根发芽。与那些叫它"安妮王后的蕾丝"的人，都是初来乍到的入侵者。另外，同期登陆的应该还有正儿八经被作为蔬菜引入的胡萝卜。

胡萝卜就是野胡萝卜的变种，最初在中亚阿富汗一带被驯化，演变成根部肥大、肉质鲜嫩、可食用的蔬菜，随后传播到了全世界。中国没有驯化胡萝卜，一"胡"字就知道是外来，不过对野胡萝卜细瘦的根，也有利用和发现，名鹤虱风根，入药，起健脾化滞、清热解毒的功效。

早期的胡萝卜是紫色、红色或黄色，就是没有明亮的橙色。是在荷兰人的努力下，培育了橙色的胡萝卜。在英国伊

丽莎白一世与西班牙争斗的时候，荷兰顺势从西班牙独立，当上了海上大佬，反过来还蚕食了英国的利益。橙色胡萝卜是随着荷兰的实力，传遍世界，并且几乎重新定义了胡萝卜。

不过，我们现在往内地或是偏远的山区，黄色的胡萝卜依旧常见，偶尔也能见到紫色的胡萝卜。

无论胡萝卜怎么演化，它们都依旧保持着那片安妮王后的蕾丝，开一样的花，在白色伞形花序的中央有一朵紫红色的小花。花开过一段时间后，开始结实，整个花序外缘伞幅会向内收起来，像一个鸟巢一样，巢里面裹着种子。

根本触不到恋人

单体红山茶的花粉基本上不存在，
这不是触不到的恋人，
而是根本触不到恋人，
这场轰轰烈烈接近半年的恋爱，
也就注定是柏拉图式的。

洋紫荆花

豆目/苏木科/羊蹄甲属

这是一个马和驴的婚配故事。马和驴在一起，恋爱了或被逼婚了，马骑了驴，或驴骑了马，怀孕生了孩子，名骡子。

骡子生来力量大，是搞运输的能手，它虽有公母，遗憾的是高度不孕不育，也就是说基本上没有一头骡子的爸爸是骡子，也没有一头骡子的妈妈是骡子。

这样的事也发生在了植物界，就是香港的区花洋紫荆。

洋紫荆归羊蹄甲属，因其叶子似羊蹄印子而名，很容易辨识。我们常说香港区花为紫荆花，其实不对，必须带上"洋"字，因为另有植物紫荆花，与洋紫荆开花形态完全不同，同科不同属。

一八八〇年，一名巴黎外方传教会神父在香港薄扶林发现一株植物，花开得很好看，红红的，大大的，神父很喜欢，但没发现果实，就插枝方式移植至薄扶林道一带的伯大尼修道院，然后，慢慢分布开来。二十多年后，洋紫荆被判定为新物种。

奇怪的是这个物种最初是怎么来的，因为再也没有在别的地方发现野生的洋紫荆。它又只开花不结果，无法繁殖后代，可以断定神父的那次是唯一一次野外发现。也就是我们现在见到的洋紫荆，都是薄扶林那株植物的复制品（因是插枝繁殖，不算是它的子孙）。

直到 2004 年，洋紫荆才被搞清楚是红花羊蹄甲和宫粉羊蹄甲杂交而成的混种，而且在自然状态下，似乎很难杂交成功，不然也不会只在香港发现一株，非常偶然，概率非常之小。其实，在自然条件下，马和驴在一起，怀孕生骡子，也不是那么容易，就像狮虎一样，难。

之所以突然提到骡子和紫荆花，是因为冬日在杭州，看到湖山之间，开满了山茶花，粉色，繁多，这是一种叫单体红山茶的品种，成为了杭州冬季的主流开花植物。

单体红山茶的原生是日本，也是混血品种，一样的悲剧是，它无法繁殖后代，之所以叫单体，是植物学上单倍体的意思，这部分太科学，说起来复杂，按下不表，表一下单体红山茶对性的渴望。

山茶花有秋冬开花品种和春季开花品种，拉拉杂杂能开个把月，如野山茶（茶籽榨油的品种）开花多在秋季，包括茶（茶饮的茶）也在秋天开花，茶梅则在冬季开花，其他山茶花多在春季开花，从早春到暮春各有不同品种。

单体红山茶则够狠，其花期之长，几乎把各类山茶花的花期给承包了下来，直接从十一月份开到来年四月，它就像骡子那样拥有强大的生命力。它之所以拼命开花，在我看来就是想增加找到对象的概率，心想"总有一次成的吧"。但是开再多的花也都是徒劳，单体红山茶的花粉基本上不存在，这不是触不到的恋人，而是根本触不到恋人，这场轰轰烈烈接近半年的恋爱，也就注定是柏拉图式的。

另，为什么单体红山茶在杭州特别多，其他临近城市实在少见，而且这也不是一种新引进的品种，杭州西湖边的单体红山茶，有些枝干比大腿还粗，种了都多少年了。

白花檵木

苏州、上海街头

「栀子花白兰花」

『栀子花茉莉花』的吴侬软语，

是一整个闷热雨季里最让人感到心静的声调，

那花香和干净的白色足以抚慰人心。

白檵木

金缕梅目 / 金缕梅科 / 檵木属

在山里见到了正在开花的白檵木，才觉得碎纸花之名副其实。

清明时，在山上见到一树的碎纸片，像是日本神庙里见到的纸质神签，密密麻麻扎满了，白花花一片。只不过白檵木上的神签太迷你。阳光晃过来的时候，照到这暗绿树林中的白色，真是醒目之色。

城里是好难得见到白檵木，但红檵木常见，花是紫红色，叶子是深紫色，我留意了一下，开花比山里的白檵木晚几天。我还在城里发现一种叶和花都是暗紫色的品种，花开更晚。

红檵木与红叶石楠结伴，是春季"春天来了，叶子红了"的代表，虽然流行，都不是我喜欢的植物。花草当然无过，但是毫无审美地被铺张种植，像一块红布，过于惊心动魄。此类美让我看到更多的是人定胜天的意志，而不是设法与自然和谐。

我们偶然也能见到白檵木，在一些高档的社区，有高大的盆景式檵木，总能看到从苍老的主干上伸出一枝，绿叶白花。这些多数是从山野挖来的野生老檵木，嫁接上红檵木的枝条，鸠占鹊巢。檵木迸发野性，硬要给你点白色看看。若园艺工人不够勤快，红色部分会慢慢衰落，原生的白檵木枝条会迅速长大。嫁远不及亲，这是自然法则，除非你有足够的手段。

我特别喜欢白色花，像是夏日里的茉莉、白兰、栀子等，花白而香，是从叫卖声里熟悉的。苏州、上海街头"栀子花白兰花""栀子花茉莉花"的吴侬软语，是一整个闷热雨季里最让人感到心静的声调，那花香和干净的白色足以抚慰人心。

春天的几个白花却稀罕，虽也不是大美的植物。紫荆有白色种，稀少，其主流就是紫红色，在主干上开密密麻麻的花，够艳，于是大行其道，白色不够俗，便少有人培植。檵木之白花乃原生，红花在山野里基本不见，但红花讨喜，被尽情繁育，落得满城尽是。白色又香的山矾在山野里够多，亦无法进城，不仅是花白之故，大概树形也不够好看，我在山上就没见到过一株长得正气凛然或风度翩翩的山矾，园林中倒是偶尔能见，因为有工人修剪。

我还在山里见到了白鹃梅，灌木，花像单瓣的白蔷薇。三月就有见它开花，开得也是轰轰烈烈，至四月仍不见其落幕。我看着它一身都是好，但也没在城里见到，只能怪其白花，若有红色品种，估计早开满了整个春天。再想起冬日的茶梅，唯有红色品种独傲寒霜，漂亮的白色茶梅不见踪影。

白花不讨喜，若不是茉莉、栀子、白兰之香，哪有夏日雨巷的六字真言。且茉莉、白兰乃南方植物，更不会被费尽心思在江南，甚至北方培植。

在我们这个以社会效应为核心的美学世界里，某一植物要走出荒野，进入社会出道，色香味必取其一，其色则更要合乎大众的审美，白色只能呵呵。

能接骨的草木

我们在西藏三四千米的海拔上吃苦耐劳，
脸如苹果，
心如刀割，
气喘吁吁，
内心却早把自己奉如观音，
心灵圣洁。

接骨草

茜草目 / 忍冬科 / 接骨木属

从林芝往南伽巴瓦，一路上见到最多的就是接骨草。

正是七月份，沿着雅鲁藏布江岸上的山坡，接骨草疯狂生长，两三米高，挂满了果实。我见太多了，常见就不在意，甚至忘了留影。最后，离开了，见不到了，突然想起来，还没拍照呢？但再也没出现。

是啊，离开雅江峡谷，海拔上升了近千米，接骨草无影无踪。接骨草其实很常见，大江南北，很多人不认识，叫不出名来，也就忽略了。

我在杭州生活过一段时间，住在灵隐边的白乐桥，上班去坐车要走一段路，常在茶园边、山脚下的林下阴地，见到这种植物，长在杂草堆里，五月开密密麻麻的小白花，六月挂果，但花仍在继续开，果由黄至橙红，七月则全是果实。不过江浙山区的接骨草可没有西藏林芝的高大，完全长成草样，林芝雅鲁藏布江岸上的就同高大的灌木，其实是接骨草的同属植物血满草。但长得再怎么高大，毕竟不是树，接骨草还有长得高大的木本兄弟接骨木。

我们对接骨木的认知就多了，比如说有一款很有名的眼霜，用了接骨木，这也是很多女孩子对接骨木的初步了解。更多人对接骨木的认识来自《哈利·波特》，里面描述的老魔杖就是用接骨木做成的。在欧洲，接骨木被视为灵魂的栖息地，有很多禁忌，比如，把接骨木带进屋内是不吉利的，相当于带一个魂回家，谁知是什么孤魂野鬼栖息在这截木头上。在中世纪，焚烧接骨木是不祥的，这等于是野蛮拆迁。但经过适当处理的接骨木则反而会有保护功能。苏格兰人就习惯在五一前收集接骨木叶，并将它挂在门上以远离厄运。另外，据说站在接骨木下还能避雷，是因为雷舍不得打魂吗？当然，这些我们都无法验证。

接骨木是欧洲的乡土树种，无论城市还是乡野都很常见。我在瑞士洛桑的一处古迹石墙外见到过一株接骨木，树干粗壮，但也不高大，累累果实真是惊人。接骨木是灌木或小乔木，四五米高，花叶果与接骨草很像。接骨木也有不同种，欧洲

Sambucus chinensis lindl.

接骨草的果

的接骨木就与中国的接骨木是两种，植物学上有西洋接骨木与毛接骨木的区别。

西洋接骨木的最大用处是做魔杖或拐杖，中国的接骨木都用来做药或泡酒了。我去过浙南山区的畲族人居住区，虽然没喝到一口，但传有一种酒，叫畲族绿曲酒，对于自古隐居深山的畲人来说，被虫咬及患风湿等疾病是常有的事，而解决此类问题的简单方法就是延续了上千年的部落秘方——绿曲酒，这种酒的主要成分就是接骨木。

无论接骨木还是接骨草，都有治疗风湿弊病及接骨疗伤的功效，不然不会用"接骨"一词而名。在中医，除了汉方用它，像哈尼族用它的叶治骨折扭伤；土家族用它治跌打扭伤、骨折肿痛等；布依族也有土方子，用茎枝治风湿筋骨疼痛、跌打损伤、骨折、创伤出血。几乎长有接骨木和接骨草的地方，都有用它们药用的方子。

当然我们现在有个骨折扭伤则不会也不信用上这些土方了，揉捏一把接骨木叶，加点酒，往伤处一敷，夹块木板就等着被修复，你我都不愿担终身瘸腿的风险。但户外运动，进入荒郊野外，山高医院远，万一有个三长两短，土法土方还是管用的。

我一直把传统医学叫作逼急了的医学，走投无路了，就

盼着它出现。不急，则说什么都不信。现在那些常逛科普网站的年轻人科学术语像煎饼馃子一样，一套一套的。但若是涂涂眼霜，即使无效，依旧会自我安慰，"真滋润啊！"当然，愿意把金钱和信仰浪费在虚无的美好事物上，正逐渐主流。

像我们在西藏三四千米的海拔上吃苦耐劳，脸如苹果，心如刀割，气喘吁吁，内心却早把自己奉如观音，心灵圣洁。

菊科植物抗生素

说紫锥菊是北美杂草，
因为它在北美的常见程度
就像我们在国内随处可见的一年蓬、
飞蓬等菊科植物一样。
我一位在美国耶鲁读书的朋友说：
就这大菊花啊，
在美国到处都是。

紫锥菊

桔梗目 / 菊科 / 松果菊属

紫锥菊，北美杂草，印第安人的抗菌消炎药，突然出现在了社区花园。六月初就看到，花茎高耸，在层层绿化中，太显眼了。其花为头状花序，松果的样子，所以也以松果菊为名。这是我第一次见到活的紫锥菊，但算是跟它眼熟，这之前，我已经喝了一年的紫锥菊花草茶。

之前，我在马尼拉闲逛的时候，见到一个叫"传统药方"的花草茶品牌，收集了世界各地包括中国、印度、欧美等地的传统草药配方，都是一些被饮用了百年以上又真实有效的药方。比如有一款针对鼻炎的花草茶，说明上写着来自"Biyanpian"，我想了好久才明白过来，它脱胎自中国的"鼻炎片"，包括苍耳子、辛夷、野菊花、连翘、桔梗等花草，只调整了其中一两味，让它喝起来不像药，更像茶，口感也芬芳一些。

我买的紫锥菊这款茶是为提升免疫力而设计，并能预防感冒。我一般是在感冒流行季节或是感冒初起时冲泡饮用，颇有效果。其茶包装的设计图案就是紫锥菊花和接骨木果。所以印象深刻，一见如故。

说紫锥菊是北美杂草，因为它在北美的常见程度就像我们在国内随处可见的一年蓬、飞蓬等菊科植物一样。我一位在美国耶鲁读书的朋友说：就这大菊花啊，在美国到处都是。

与国内常见的菊科植物不同，紫锥菊的药用价值太显著了，北美的原土著居民一直用它来针对蛇咬、刀伤，也用来治疗牙痛、喉咙痛或感冒等。所以很容易推断出紫锥菊的药效，就是杀菌消毒提升免疫力，很像是一种抗生素。

的确如此，在整个十九世纪，紫锥菊是美国使用最广泛的药用植物，还被分发到传统医生和自然疗法师手上。在历史上它也用于治疗猩红热、梅毒、疟疾、败血症和白喉，有着良好的口碑。直到二十世纪四十年代，它仍在美国官方使用植物单上，但之后被取消，因为抗生素出现了。

欧洲人登陆美洲以后，很快就发现了紫锥菊的价值，紫锥菊被引种到欧洲栽培，特别是在德国，紫锥菊被深入研究，

Echinacea Purpurea （Linn.) Moench

紫锥菊

到今天，以紫锥菊为主的制剂已成为很普遍的医药品，尤其在德国和法国，几乎是家庭常备药。在美国药用植物销售排名中，紫锥菊常年排在首位。我们常能在欧洲的药房见到含有紫锥菊的药品，它粉红的花瓣及紫褐色的球果被印在外包装上。我甚至在治疗香港脚的浸液上见到了紫锥菊。

当然，紫锥菊不是仅被当作药用植物栽培，其高茎、大花很受园艺师喜欢，是花园中必不可少的花茎植物。紫锥菊有不少品种，不同花色，搭配刺芹、火炬花等，往往是花园里最显眼的一景。我们社区绿化就是紫锥菊搭配火炬花，还有一小丛缬草衬托。

　　紫锥菊的特别之处是其如球的花序。菊科植物多以花絮奇特取胜，向日葵有如盘的花序，盘含瓜子，紫锥菊则是一个高耸的球体，表面带刺，也是紫锥菊花上的种子，它看起来像是生气的刺猬。实际上正是紫锥菊英文和拉丁学名Echinacea 表达的意思，Echinos 就是希腊语的刺猬。

另有一种，鹿喜食之

石蒜里有一些名字特别好听的品种，

除了忽地笑，

还有换锦花，

另有一种夏秋开完花后长叶的紫色花石蒜，

名叫鹿葱，

《群芳谱》说，

鹿喜食之，

故名。

彼岸花

天门冬目/石蒜科/石蒜属

参加一次乡土植物考察，在山坡上，因为雨水冲刷，露出来一些石蒜的球茎，积在路侧。我说那是彼岸花，花叶两不相见，是生生相错之花。又照日本传说说，此花在黄泉路上大批大批地开着，通红似火而被喻为"火照之路"，指引人们通向幽冥之狱。

经我一说，这一堆石蒜球茎都归了我，无人愿意接收。我只捡了几个，余下的扒些泥土盖了，留在原地。

我把球茎种院子里，毫不忌讳。

还是早春的时候，那地里突然长出几丛叶子来，都是片状生长，一下子没想起来是什么，以为丢弃的蒜苗还是什么长了出来，好半天才醒过来，这不就是那石蒜吗？临近立夏，叶子就没了，消失了，那地上被铺地侵略过来的活血丹覆盖了。夏日过半，又是毫无征兆地突然冒出花梃来，然后开花了，竟然不是红花的石蒜，而是忽地笑也。

哈哈，光看石蒜头怎么分得出红花、黄花、白花或是其他品种呢，我为自己当初的信口雌黄辩解，同时也抚慰自己脆弱的心灵，无神论者也怕鬼的啊，眼前这花只要不是红花就非彼岸花，非火照之路。看到不是红花开，我真是忽地一笑。

虽然石蒜的大部分品种都原产中国，但现在流行的关于彼岸花的各种说法，其实多来自日本。

关于彼岸，有这样的说法，春分前后三天叫春彼岸，秋分前后三天叫秋彼岸。秋分是日本人上坟的日子，红花石蒜正好在这个时间开花，其花叶不相见的决绝特性，恰好对应了彼岸，使得红花石蒜有了特殊的意义。

石蒜类的很多植物都有这个特性，但是也分两种花叶形式，一些是早春萌发新叶，生长，到了夏季叶枯休眠，秋凉后抽出花梃，然后开花。也有一些是秋天萌芽长叶，春天生长，夏季叶枯后开花。不过开花时间基本上都在夏末秋初，稍有先后。但这两个方法都一样绝情，无论如何都是花叶不相见。

石蒜开红花，花期在八九月份。之所以选了红花石蒜为所谓的彼岸花，应该是因佛经而来。佛经上说红花石蒜是曼珠沙华（manjusaka），布满在地狱之途，所以，此花是地狱的召唤。另有白花石蒜，被称为曼陀罗华（mandarava），盛开于天堂之路，所以是"天堂的来信"。

日本红花石蒜多种植在墓地周边，但现实中也没那么迷信与忌讳。我有一年去日本，在东京银座的绿化带见过红花石蒜，正是花期我才见到，它们一样被精心照料。总不至于东京园林局的人会认为银座这段路是火照之路吧！

只是心里的确会咯噔一下，你在路上好好地逛着，突然这一路都是红花石蒜，会以为逛着逛着怎么逛到地狱来了。

我还是挺喜欢石蒜类花卉的，好养，在空间的占有上与谁也不争。比如早春，别的植物都没苏醒，或才开始生长，地里也仍是荒荒的，它的叶子长出来了。到了夏秋，其他植物生机不在，它却开花了。它就是平日里不出场，不招惹，一出场就是绿叶鲜花。

石蒜里有一些名字特别好听的品种，除了忽地笑，还有换锦花，另有一种夏秋开完花后长叶的紫色花石蒜，名叫鹿葱，《群芳谱》说，鹿喜食之，故名。古人常误以为鹿葱是萱草的一种，还叫它紫萱，甚至认为是黄花菜的一种，不知道那些误会的人有没有采来当黄花菜食之，鹿葱比黄花菜毒性要大许多。

换锦花和鹿葱有点像，都是紫花，若是红花石蒜适合沿路成片种植，换锦花和鹿葱倒是适合三三两两种一些，在院子一角落，什么都没有的地方，忽然蹿出来花梃，开出紫色的花来，真是让人惊喜的秋日。

一份等了一年的炒饭

从我第一次在老挝见过鹿角蕨，
到最后知道它的名字，
差不多有三年了吧，
这个过程如同老挝的服务一样慢条斯理。
我没有刻意去找，
也没急着必须要知道。

鹿角蕨

水龙骨目 / 鹿角蕨科 / 鹿角蕨属

我在湄公河岸走着，对岸是山坡丘陵农村，这岸是老挝的古都朗勃拉邦。旱季的湄公河水位很低，显得堤岸很高。岸边是杂木林，与城市生活融在一起，餐厅、咖啡馆、小酒馆等户外场所布置其中。

朗勃拉邦的服务慢得离奇，一份炒饭等一小时一点也不稀奇，我甚至怀疑一家兼营饭菜、果汁及咖啡的小酒馆，老板、厨师加服务员就是同一个人。他慢慢地在马路对面的小房子里做着饭，再给你端到马路这边的河堤岸，然后回去准备下一个客人的饭菜。不紧不慢，你不会有一点脾气。来到这样的地方，还能怎样。

我就在那等着，盯着一棵榕树看，忽然看到奇怪的东西，有破碎的大叶子裹在树干上，碎片挂下来，随风飘扬，边上还长着石斛兰，正开着花。那可是在三米以上的高处。

我肯定是有人将大叶子绑在树干上，裹些腐叶，为的是种附生的石斛或其他蝴蝶兰、卡特兰。我甚至还想过，回家后摘一片滴水观音，裹树干上，也能种兰花。

吃完饭，继续溜达，构思着滴水观音的事，又特别留意着看树干，发现在树上裹叶子种兰是当地流行的园艺，很多树上都有，有些还钉了钉子，或用小木片固定。但是见多了，总觉得哪儿不对。

当我在一间寺院的树上再次见到的时候，我确定这是活生生的植物。那几片叶子长得很高，在一座菩萨塑像的上面，这个高度，人不可能爬上去，也对菩萨不敬，而且这些破叶子破得有规律，像是分叉生长，很好看，也没有人工固定的痕迹，老叶枯后又长着新叶。

我只当这植物新奇，离开老挝后就没再纠结。

很久以后，在泰国，又遇到了，长得不高，很近的距离，我才看清楚那破破的大叶子植物，它附生或寄生在树干上，而且一株植物好像有不同类型的叶子，比如裹在树干上的叶子，不会下垂，像是一个兜，能接住落叶，看起来像是在为植物生长收集落叶，提供养料。若是如此，这种植物多半是附生而不会是寄生。

我在大理的农村见过寄生植物菟丝子，缠绕着田埂边的灌木和大豆。若是了解寄生，会觉得这很是残忍。寄生植物自己是不含或只含很少的叶绿素，它不能自己制造养分，要从寄主那里获取。像菟丝子，一碰上大豆的茎，马上将它们缠住，布满整株植物，并长出一个个小吸盘，伸入到大豆茎内，吮吸里面的养分，很快会造成寄主渐渐凋萎夭折。

而附生只是借了场所，攀附于高大树木之上而使自己更好地吸收光，它们自身可进行光合作用，不会掠夺它所附着植物的营养与水分。热带特别多这类植物，包括大多数兰花、凤梨和蕨类植物等。眼前的这个植物即是如此，但它不是兰花，也非凤梨，倒很可能是某一种蕨。

我在曼谷的书店翻一本热带植物书籍，想找出这一常见热带附生植物到底叫什么。书薄薄一本，介绍了五六十种热带常见植物，瓷玫瑰、旅人蕉、棕榈、猪笼草、热带兰花、菠萝蜜、榴莲等等，就是没有这种破叶子植物，这好像是说明它也不算常见，但书的序言有一张整叶配图，恰好又有此植物，激动了一下，结果还是很遗憾，整篇序言都没提到。

作为一个普通的植物爱好者，我对植物没有究根问底的执拗劲，很快就放下了，不然旅程一路纠结。

前段时间计划去新加坡植物园，就翻看它的网站，发现有图库，我突然又想起那树上的破叶子，试着查找，结果还真有该植物，但也一样很遗憾没有名字，只有图片编号。那天有些情绪激动，于是上谷歌，根据自己的判断，试着查了一下蕨类植物，又根据植物形状，查什么碎蕨、破布蕨，看叶子又裂像羚羊角，像梅花鹿角，于是继续羊角蕨、鹿角蕨……哦哟，鹿角蕨。

"原产澳大利亚东部、波利尼西亚等热带地区，新几内亚岛、小巽他群岛及爪哇，中国云南、缅甸、印度东北部、泰国和老挝也有分布。"也就是说分布在亚太的热带地区，而且云南也有。

"属于附生性观赏蕨。其孢子叶十分别致，形似梅花鹿角。"的确是附生，同热带兰一样。

"以腐殖叶聚积落叶、尘土等物质做营养。"果然，那个裹在树干上的兜就是收集养料的。

从我第一次在老挝见过鹿角蕨，到最后知道它的名字，差不多有三年了吧，这个过程如同老挝的服务一样慢条斯理。我没有刻意去找，也没急着必须要知道。我在热带各地旅行时常见到它，给它们拍照，那些照片静静地躺在我的硬盘里，被归类为"破布一样的蕨"，现在翻出来，要改名为"鹿角蕨"，这是有多开心啊。

其实，若是专业一点，既然看明白了它是附生植物，又大概认定它是蕨类植物，查找附生蕨类是一条捷径。可惜自己并不是学植物分类，爱画画、学设计，脑子一根筋，只会从视觉入手。

知道了名再去了解，原来鹿角蕨是一种很流行的园艺植物，南方人本应该早知道它的名字。只是我住的地方还是不够南，在我生活的江浙地区，的确没有它的踪影。不过，不遗憾，也不羞愧，就像你早就吃过炒饭，但我在湄公河岸，足足等了一个小时才吃到，这是两种滋味。

古雅，为世界上最珍贵的树种

鹅掌楸能开那郁金香般的花，
漂亮得不像话。
我们一直被它美丽的叶子所蒙蔽，
它的叶子已经够美了，
忘了它是木兰科的植物，
定能有漂亮的花，
如此才知鹅掌楸的巅峰风景在初夏。

鹅掌楸

木兰目 / 木兰科 / 鹅掌楸属

秋天，走在北京的马路上，突然见到地上一片黄马褂，我一抬头，就看到了帝都的秋。

小小一片黄马褂，是鹅掌楸的叶子，秋日变黄，是它最漂亮的时候。在我印象里，鹅掌楸是南方的植物，不想北京也有引种。一次见识之后，我常在北京看到鹅掌楸，种的还真也不少。那一抬头所见，我印象深刻，总觉得秋天的鹅掌楸，一树黄马褂，是它的巅峰时刻。

我捡过几片鹅掌楸的叶子夹在书页里，描绘它的叶子形状，才觉察到北京所见的鹅掌楸好像哪儿不大一样。我再在上海见到鹅掌楸的时候，留意了一下叶子，一对比就发现了不同，北京的鹅掌楸在马褂的袖口位置多了一棱裂口。

鹅掌楸是中国特有的珍稀植物，说鹅掌也好，马褂也好，说的都是它的叶子形状，有袖子，有腰，有下摆。它的原生分布主要在长江流域以南，一直往南，直到越南的北部还有一些。虽说分布面挺广，但是数量稀少。在《中国植物志》上是这样写的：

　　"古雅，为世界最珍贵的树种。但近年来屡遭滥伐，在其主要分布区已渐稀少。鹅掌楸是异花授粉种类，但有孤生殖现象，雌蕊往往在含苞欲放时即已成熟，开花时，柱头已枯黄，失去授粉能力，在未受精的情况下，雌蕊虽能继续发育，但种子生命弱，故发芽率低，是濒危树种之一。"

　　如果鹅掌楸是一个商品，这句"古雅，为世界最珍贵的

树种"是它最好的广告语，并且还是限量版，量产也有一些困难。虽然很多地区分布有鹅掌楸，但并非成片分布，且受粉困难，成为濒危植物。鹅掌楸是一种非常古老的植物，在日本、格陵兰岛、意大利和法国的白垩纪地层中均发现它的化石，到新生代第三纪本属尚有十余种，广布于北半球温带地区，到第四纪冰期才大部分绝灭。

不过留下来的鹅掌楸除了中国这一种，在隔着太平洋的北美，还有一种，叫北美鹅掌楸。在这个世界上就只有这两种鹅掌楸，在过去两百万年的漫长时间里，各自孤独存在，老死不相往来。但是它们的存在，成为东亚与北美洲际间断分布的典型实例，对古植物学系统学有重要科研价值。

那么我在北京见到的鹅掌楸难道是另一种古雅的北美鹅掌楸吗？好像也不是，那叶子，有些袖口处没有裂，想是鹅掌楸的叶子，有些有裂，那却是北美鹅掌的叶子特点。问过北京做园林的朋友才知道，那是两种鹅掌楸的杂交种。现在各地推广种植的鹅掌楸，很多都是杂交种，比纯粹的鹅掌楸或北美鹅掌楸都容易存活。孤独存在，老死不相往来的鹅掌楸也终于相会了。

我们讲的鹅掌楸，在国外却说是郁金香树。若不是有人提醒，估计也不会意识到。到了立夏抬头看鹅掌楸，在浓郁

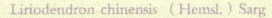

Liriodendron chinensis （Hemsl.）Sarg

鹅
掌
楸

的马褂叶中留意看看，忽而就明白了。鹅掌楸能开郁金香般的花，漂亮得不像话。我们一直被它美丽的叶子所蒙蔽，它的叶子已经够美了，忘了它是木兰科的植物，定能有漂亮的花，如此才知鹅掌楸的巅峰风景在初夏。

　　只是有一个遗憾，鹅掌楸都是高大的乔木，实在难以看清楚它的花，要想俯视角度赏花更是不大可能。我家附近的小学球场外种有一排鹅掌楸，我是秋天的时候路过，留意到它们的。特别高兴的是，边上还有一家咖啡馆，是两层楼的洋房。我都想好了，等到了初夏，鹅掌楸开的时候，去它的二楼露台喝一杯咖啡，然后从那边可以以平视的角度观察到鹅掌楸，定能看到它开的郁金香般的花朵。

　　立夏那天我过去了，还带着相机，从鹅掌楸下走过，抬头已看到黄绿色的花朵盛开，到了咖啡馆门口，那门看样

子暂时不会再开了。我只好在树下拍鹅掌楸开的郁金香，只有等风来，压低了树枝，才勉强看到它的花朵，真的不负木兰门下。

我看过图片，北美鹅掌楸的花更漂亮，花朵更黄一些，也更大。北京的杂交鹅掌楸，花随北美鹅掌楸，美得很。所以，欧洲人十七世纪将它从北美引入欧洲大陆的时候，更容易注意到它的花，取名 Tulip tree，后来再有中国的鹅掌楸，则名为 Chinese tulip tree。

注：本书中提及的所有植物相关药用知识、医学内容仅供了解、参考，不可作为药方，请遵医嘱。

© 李叶飞 2017

图书在版编目（CIP）数据

庭前花未开 / 李叶飞著 . — 沈阳：万卷出版公司，
2017.1
ISBN 978-7-5470-4350-9

Ⅰ . ①庭… Ⅱ . ①李… Ⅲ . ①植物 – 普及读物 Ⅳ .
① Q94–49

中国版本图书馆 CIP 数据核字 (2016) 第 274508 号

庭前花未开

出版发行：北方联合出版传媒（集团）股份有限公司
　　　　　万卷出版公司
　　　　　（地址：沈阳市和平区十一纬路 25 号　邮编：110003）
印 刷 者：北京鹏润伟业印刷有限公司
经 销 者：全国新华书店

幅面尺寸：140mm×210mm　　　装　　帧：精　装
印　　张：7.5　　　　　　　　字　　数：125 千字
出版时间：2017 年 1 月第 1 版　印刷时间：2017 年 1 月第 1 次印刷
出 品 人：刘一秀　　　　　　特约监制：罗　毅
责任编辑：杨春光　　　　　　责任校对：王春晓
封面设计：张　莹　　　　　　版式设计：徐春迎
插　　图：谢　静
ISBN 978-7-5470-4350-9
定　　价：56.80 元

联系电话：024-23284090　　邮购热线：024-23284050
传　　真：024-23284521　　E－m a i l：book_light@sina.com
腾讯微博：http://t.qq.com/wjcbgs　网　址：http://www.chinavpc.com

常年法律顾问：李福　版权所有　侵权必究　举报电话：024-23284090
如有质量问题，请与印务部联系。联系电话：024-23284452